U0158880

HUOLI FADIAN JIZU
SHEBEI GUZHANG TINGYUN DIANXING ANLI FENXI

火力发电机组设备故障
停运典型案例分析

华电电力科学研究院有限公司 编

中国电力出版社
CHINA ELECTRIC POWER PRESS

内 容 提 要

本书收集整理了大量火力发电机组由于设备故障导致停运的典型案例，并对这些案例进行了详细的分析和总结。

本书共分为六章，分别从锅炉、汽轮机、电气一次、电气二次、热工、环保六个专业方向入手，介绍了典型案例的事件经过、检查与分析情况及相应的整改措施。

本书可作为从事火力发电机组设计、安装、调试、运行、检修及管理工作的工程技术人员的培训及参考用书，也可供相关专业人员及高等院校相关专业师生参考，尤其对火力发电厂的安全运行具有指导意义。

图书在版编目（CIP）数据

火力发电机组设备故障停运典型案例分析/华电电力科学研究院有限公司编. —北京：中国电力出版社，2020.3（2022.5重印）
ISBN 978-7-5198-4256-7

Ⅰ. ①火… Ⅱ. ①华… Ⅲ. ①火力发电–发电机组–设备故障–案例–汇编 Ⅳ. ①TM621.3

中国版本图书馆 CIP 数据核字（2020）第 020225 号

出版发行：中国电力出版社
地　　址：北京市东城区北京站西街 19 号（邮政编码 100005）
网　　址：http://www.cepp.sgcc.com.cn
责任编辑：刘汝青（010-63412382）　董艳荣
责任校对：黄 蓓　常燕昆
装帧设计：赵姗姗
责任印制：吴 迪

印　　刷：三河市百盛印装有限公司
版　　次：2020 年 3 月第一版
印　　次：2022 年 5 月北京第二次印刷
开　　本：710 毫米×1000 毫米　16 开本
印　　张：9.5
字　　数：147 千字
印　　数：2001—2500 册
定　　价：45.00 元

编 辑 委 员 会

前　言

　　电网"两个细则"的发布及实施，对火力发电机组设备可靠性提出了更高的要求，设备异常导致的非计划停运是火力发电机组设备不可靠的集中体现。本书通过对中国华电集团有限公司下属发电企业火力发电机组设备异常的梳理和分析，总结其中暴露的设备共性和普遍性问题，提出治理及防范措施。

　　为了有效汲取火力发电机组设备故障的经验和教训，借鉴反事故措施，避免同类事故的发生，本书编者对2012—2018年七年内火力发电机组跳闸或设备故障进行了收集，共整理了500余起案例，从中筛选出典型案例115起，以第一手资料为基础，组织各专业技术人员进行提炼、整理、专题研讨，编写成本书。

　　本书第一章对锅炉专业设备故障停运典型案例进行了梳理，从锅炉本体、烟风系统、制粉系统、灰渣系统、过热器、再热器、省煤器、水冷壁等方面进行具体分析，内容涉及锅炉燃烧不稳、锅炉爆燃、风机故障，以及四管泄漏等；第二章对汽轮机专业设备故障停运典型案例进行了总结，主要对汽轮机振动、叶片断裂、EH油系统等方面故障问题进行了分析；第三章和第四章主要介绍了电气一次、二次系统设备故障停运典型案例，按照发电机、变压器、断路器等设备故障分别阐述；第五章对热工专业设备故障停运典型案例进行了分类和归纳；第六章重点介绍了增压风机、浆液循环泵、脱硫塔、烟气换热器等环保设备故障停运典型案例。

　　在本书编写过程中，除对一些案例进行核实、对发现错误进行修改外，尽量还原现场对故障的检查与分析，以供读者更好地借鉴。

　　本书由华电电力科学研究院有限公司编写，参考了电力同行们相关的规范标准、技术资料等素材。在此，对关心火力发电行业发展、提供素材的专业人员表示衷心感谢，对参与本书策划和幕后工作的人员也一并表示诚挚感谢。

限于编者水平，书中若有疏漏与不足之处，恳请广大读者不吝赐教。

编者

2019 年 11 月 11 日

目 录

第一章

锅炉专业设备故障停运典型案例

第一节　锅炉本体设备故障典型案例

案例一　锅炉燃烧不稳导致炉膛爆燃

一、事件经过

某厂 5 号机组为 660MW 空冷机组，锅炉为国产超临界 DG2100/25.4 – Ⅱ2 型直流炉，配置 3 台电动给水泵，5 台磨煤机为 BBD – 4060B 型双出球磨机，配置两台动叶可调轴流式一次风机。

2017 年 12 月 17 日 3 时 15 分，机组负荷为 570MW，主蒸汽压力为 21.5MPa，主蒸汽温度为 567℃，再热蒸汽温度为 563℃，A、B、C、D、E 磨煤机运行，总煤量为 287t/h。3 时 19 分 24 秒，乙侧一次风机前轴承温度由 49.49℃开始上升；3 时 20 分，温度超过保护动作值（95℃），最高至 115℃，"一次风机轴承温度保护"动作，乙侧一次风机跳闸，一次风压由 7.9kPa 快速下降，最低达 1.09kPa；3 时 22 分，手动紧停 D 磨煤机；3 时 24 分，锅炉主保护"炉膛压力高高"保护动作，锅炉主燃料跳闸（MFT），汽轮机跳闸，机组解列。

二、检查与分析

乙侧一次风机保护首出为"一次风机轴承温度保护"，锅炉主保护首出为"炉膛压力高高"，汽轮机跳闸保护首出为"锅炉主燃料跳闸"。停机后检查乙侧一次风机前轴承温度测点元件（热电阻）及引线阻值绝缘正常，测量热电阻元件阻值为 112Ω（对应温度值约为 31℃），但分散控制系统（DCS）远方显示为 44.4℃，初步判断元件接线盒与 DCS 机柜之间的信号电缆线路电阻异常。立即检查信号电缆，发现信号电缆及线芯绝缘正常，但热电阻 3 根线芯线路电阻存在 4Ω 偏差。分析认为该温度测点信号电缆线芯存在中间接头，接头老化引起接触电阻增加，造成其温度测量值异常波动。

乙侧一次风机前轴承温度测点故障，引起温度不正常上升（上升速率低于速率限制值）并超过保护值，导致乙侧一次风机跳闸。乙侧一次风机跳闸后，因辅助故障减负荷（RB）未投，运行人员未对磨煤机一次风挡板开度作出相应调整，一次风母管压力快速下降。因未设置一次风母管压力低保护，5 台磨煤机依然保持运行状态，大量的煤粉在磨煤机筒体与粉管内沉积。在甲一次风机出力自动增加的情况下（在自动状态，甲一次风机动叶反馈阶梯式上升至 63%），一次风母管压力缓慢上升，大量煤粉进入炉膛，但此时一次风母管压力偏低，进入炉膛的煤粉没有刚性，燃烧极不稳定，较多未燃尽煤粉积聚在炉膛内发生爆燃，锅炉 MFT 保护动作。

三、整改措施

（1）更换故障测点电缆，测量阻值、绝缘符合要求；调换故障测点热电阻线芯，使用阻值不同的线芯作为热阻公共端，同时对该温度测点保护进行优化，增加了相邻测点越限作为验证条件。

（2）完善各台机组 RB 功能及磨煤机一次风保护，投入各台机组的 RB 功能。

（3）对 5 号机组炉侧主要辅机控制电缆及线芯进行排查，对阻值、绝缘不符合要求的电缆进行更换。

案例二 锅炉垮焦导致炉膛爆燃

一、事件经过

某厂 2 号锅炉为 DG2100/25.4 – II1 型超临界参数变压直流炉，锅炉为一次再热、单炉膛、尾部双烟道、采用挡板调节再热蒸汽温度、平衡通风、固态排渣、全钢构架、Π 型锅炉。

2016 年 11 月 23 日 3 时 38 分，2 号机组负荷为 335MW，锅炉出现掉焦，运行人员依次投入 F2、F1、E3、E4 点火油枪运行。3 时 39 分，炉膛压力最高升至 455Pa，手动解除 A、B 送风机、引风机动叶自动控制，将 B 送风机动叶开度由

23%开至30%，A、D磨煤机因火检出现"3/4无火"保护动作发生跳闸。3时43分，锅炉MFT，首出原因为"炉膛压力高高"。

二、检查与分析

11月22日，锅炉两侧墙各层观火孔测得的炉膛温度最高点为1417℃，与2号炉前期同负荷段相比，炉膛温度没有升高迹象；同时通过启停磨煤机方式扰动除焦共12台次，未出现锅炉掉大焦现象，由此分析水冷壁区域无明显结焦。根据本次2号炉掉焦时声音大、集控室震感强烈、捞渣机人孔门损坏、掉落焦块无水冷壁管排印迹等综合判断锅炉屏式过热器区域出现结焦。

近期中、上层磨煤机掺烧中硫煤、挥发分12%左右的低硫贫瘦煤。锅炉屏式过热器掉焦，焦块直接掉落至捞渣机A人孔门处，人孔门门闩受巨大冲击断裂，渣水短时间外泄，炉底水封破坏。炉底水封破坏后大量冷空气快速进入炉膛，炉膛内燃烧恶化，A、D磨煤机因"3/4无火"保护动作后相继发生跳闸，E、F层少油点火油枪自动投入，造成炉膛局部爆燃。

三、整改措施

（1）加强燃料管理，根据机组负荷及锅炉结焦情况，控制无烟煤、低质煤及低灰熔点等煤种的掺配比例。

（2）加强水冷壁、屏式过热器区域结焦情况的监视和温度测量，根据机组负荷及煤质情况，及时增加吹灰次数，控制锅炉掉大焦。

案例三 锅炉中间点温度高高保护导致机组停机

一、事件经过

某厂1号锅炉型号为SG1913/25.4－M965－1，为超临界直流炉，一次中间再热、四角切圆燃烧方式。高温再热器布置在折焰角上部，与烟气顺流布置。

2016年11月4日16时55分，1号机组负荷为173MW，主蒸汽压力为15.8MPa，主蒸汽温度为566℃，给煤量为81t/h，给水流量为553t/h，水煤比为6.8，过热度为43℃，锅炉中间点温度为394℃，自动发电控制（AGC）指令开始加负荷。17时24分，D磨煤机启动，水煤比为6.7，过热度为41℃，锅炉中间点温度为414℃，此后机组负荷稳定在256MW。17时32分，锅炉给煤量下降至 108.7t/h，锅炉给水量下降至 681t/h，过热度较快上涨至 60℃，主蒸汽温度为 574℃。运行人员增加给水偏置+100t/h，手动设置 A、B 给煤机煤量偏置 −8t/h，17 时 36 分分离器出口 B_1、B_2 温度点先后超过 492℃，锅炉中间点温度高高保护动作，锅炉 MFT，汽轮机跳闸，机组解列。

二、检查与分析

检查发现，11 月 4 日上午启动 D 给煤机时，给煤机皮带上有煤，但就地和远方均没有给煤量显示，运行人员紧急停磨煤机，检修处理给煤机，经检查为给煤机电动机转速探头松动，导致转速无法检测，给煤机显示故障，磨煤机内有较多存煤，见图 1−1。

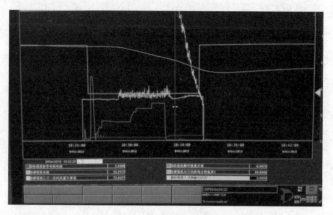

图 1−1　11 月 4 日上午 D 制粉系统启停曲线

11 月 4 日下午启动 D 磨煤机后，D 磨煤机内大量积煤瞬间进入锅炉，锅炉热负荷上升较快，1 号锅炉过热度快速上涨，此时 D 磨煤机下磨辊刚好约 1min（见图 1−2），由于给煤机检修时，D 磨煤机属于紧急停磨，D 磨煤机内有较多存煤（见图 1−3）。且在同一时段 DCS 显示煤量有所下降，给水量跟随减少约 100t/h。在锅炉实际入炉煤量增大、实际给水量减少两个因素的叠加下，水煤比失调，中间点温度和过热度快速升高。17 时 32 分，运行人员增加给水偏置+100t/h，手动减小 A、B 给煤机煤量偏置约 −8t/h，由于机组处于自动状态，给煤量实际未减少，锅炉过热度及中间点温度依然快速上涨，锅炉"中间点温度高高"，锅炉 MFT 保护动作。

三、整改措施

（1）交接班时要对机组设备运行状况、现场实际工作进展等进行详细了解和掌握，对于存在异常情况的设备要做好有针对性的事故预想。

（2）强化运行管理工作，制定锅炉启动磨煤机的技术指导措施，细化需要监视和调整的参数，指导运行人员操作。

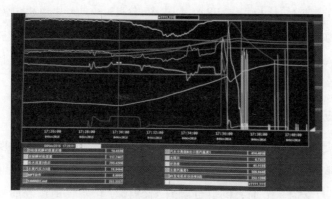

图 1-2　过热度转折点

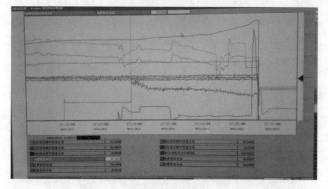

图 1-3　D 磨煤机落磨辊时间

第二节　烟风系统设备故障典型案例

案例一　引风机失速导致锅炉压力高高保护动作

一、事件经过

某厂 2 号机组锅炉型号为 SG1913/25.4-M965-1，为超临界直流炉，一次中间再热、四角切圆燃烧方式、单炉膛、尾部双烟道。

2016 年 3 月 17 日 4 时，机组负荷为 320MW，A、B、C、D、E 磨煤机运行，总煤量为 165t/h，水煤比为 7.3，氧量为 3.3%，六大风机运行。A 引风机电流为 350A，动叶开度为 77%，B 引风机电流为 330A，动叶开度为 76%；A、B 引风机挡板处于"自动"状态，炉膛负压设定－80Pa。4 时 45 分 43 秒，A 引风机电流为 357A，B 引风机电流为 336A，之后 B 引风机电流开始下降，4 时 45 分 49 秒 B 引风机电流降至 316A。A、B 引风机运行电流相差 40A。4 时 45 分 51 秒，B 引风机发生失速，电流迅速下降。4 时 46 分 5 秒，炉膛压力升至 1544Pa，锅炉 MFT。

二、检查与分析

查阅历史曲线，A、B 空气预热器烟气侧差压均超量程，其中 B 空气预热器堵塞较为严重，326MW 负荷下阻力为 5kPa，A 电袋除尘器差压为 3kPa，严重超过设计值。2 月 25 日 10 时，机组负荷为 310MW，B 空气预热器烟气侧差压超量程运行（量程为 0～1.6kPa），显示值为 1.68kPa。3 月 5 日 4 时 38 分，机组负荷为 327MW，A 空气预热器烟气侧差压超量程运行（量程为 0～1.6kPa），显示值为 1.68kPa。事件顺序记录（SOE）在机组跳闸前报 B 引风机油站控制压力 1、2、3 低，模拟量显示压力由 4.2MPa 降至 3.9MPa，4s 之后又恢复至 4.2MPa。除尘器 A 列左室和右室进出口差压高报警，其中 A 列左室差压为 2316Pa，右室为 2290Pa。空气预热器和电袋除尘器堵塞引起系统阻力增大，造成引风机入口负压升高，风机运行在失速临界区域。烟气压力曲线见图 1-4。

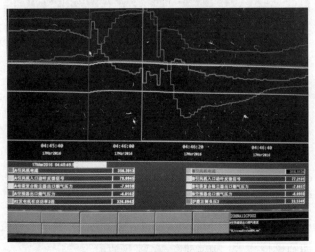

图 1-4 烟气压力曲线

A、B 两台引风机跳闸之前电流相差较大。B 引风机全压已达到约 9.5kPa，根据计算和查阅引风机性能曲线，B 引风机工作点超过失速分界线。4 时 45 分 44 秒，B 引风机发生瞬间失速，电流下降。4 时 45 分 50 秒，随着 B 引风机入口压力回升，B 引风机短时恢复正常，但 A、B 引风机电流迅速升高。4 时 45 分 51 秒，B 引风机再次发生失速，引发炉膛压力高高，锅炉 MFT 保护动作。

三、整改措施

（1）清理空气预热器和电袋除尘器，制定防止电袋除尘器堵塞的有效措施。

（2）加强空气预热器各项参数的检查与监视，合理制定吹灰措施，确保严格执行落实到位。

案例二　引风机液压缸故障导致锅炉压力高高保护动作

一、事件经过

某厂 3 号机组锅炉为超超临界直流炉、单炉膛、一次中间再热、四角切圆燃烧方式，型号为 SG－2024/26.15－M6002。引风机为双级动调轴流风机，型号为 ASS－3150/1500/－2J。

2016 年 4 月 27 日 6 时 36 分，机组负荷为 587MW，主蒸汽压力为 24.1MPa，A 引风机电流由 355A 突降至 175A，A 引风机动叶开度的指令、反馈无明显变化。6 时 37 分，炉膛压力突增至保护动作值+2500Pa，锅炉 MFT，首出原因"炉膛压力高高"，汽轮机跳闸，发电机解列。

二、检查与分析

吊开 A 引风机上盖检查，风机叶片处于关闭状态，执行器与液压缸连接膜片断裂，见图 1－5。液压缸推盘与液压缸支撑盖连接螺栓全部断裂，见图 1－6。检查一、二级叶片角度一致，叶片无松动。拆除液压缸，检查一、二级轮毂内部未见异常。安装新液压缸，静态试验叶片开关正常，未出现叶片卡涩及异声。

图 1-5 弹簧膜片损坏照片

图 1-6 液压缸与中心轴连接法兰螺栓断裂照片

查阅调试报告，机组单体调试阶段引风机液压油压力为 4.2MPa，风机动叶开度仅能开到 43%，无法继续调节。更换油站，将液压工作油压升至 6.3MPa，此时后叶片可以全开；油压低于 5.7MPa 时动叶无法调节。投产后实际运行油压为 6.1～6.3MPa，风机液压缸最大推力已达到 80t 以上，液压缸连接法兰与中心轴连接螺栓设计强度已不满足长期运行要求，导致疲劳断裂，液压缸失去固定，弹簧片受扭力断裂。

分析认为，由于工作油压变大，引风机内部传动部件强度达不到现场实际需求，导致内部传动部件发生损坏，引风机突关，炉膛压力高高，锅炉主燃料跳闸（MFT）。

三、整改措施

（1）风机转子返厂，厂家对风机轮毂进行检查，核算相关传动件（曲柄、滑块、导环等）及液压缸与中心轴连接法兰螺栓强度，通过改变尺寸、材质及其他措施来增加传动件强度，满足风机安全可靠运行要求。

（2）在风机隐患未得到彻底消除之前，电厂制定定期工作计划，利用调停检修机会对风机的易损传动部件进行检查消缺，同时制定防止引风机故障导致机组停机的专项保障措施。

案例三　引风机液压缸定位轴承故障导致炉膛压力低低保护动作

一、事件经过

某厂 5 号机组锅炉为亚临界、中间一次再热、自然循环、燃煤汽包炉。2018 年 2 月 1 日 11 时 50 分，机组负荷为 334MW，A、B 引风机动叶开度分别为 35.6%、33.8%，电流分别为 278、244A，炉膛压力为 -66Pa。11 时 51 分，A、B 引风机电流突然开始下降，至 11 时 52 分，炉膛压力在 740Pa 和 -1131Pa 之间波动；A、B 引风机动叶开度在 24%～26% 和 62%～60% 之间波动。11 时 53 分，炉膛压力降至 -2000Pa，延时 3s 后炉膛压力低低保护动作，锅炉 MFT。

二、检查与分析

检查发现 B 引风机液压缸指示轴与机壳结合部分积灰、锈蚀，定位轴及双面齿条动作困难，传动阻力增大，液压缸定位轴轴承所受轴向力增大。引风机电流突然下降后，A、B 引风机出现了几次快速调节，加剧了定位轴轴承受力，导致液压缸定位轴轴承断裂损坏（见图 1-7）。液压缸定位轴轴承断裂损坏后，动叶调节失控，无法定位，只能实现全开、全关。最终因维持在全开位置导致短时间内炉膛压力急剧下降，达到保护定值，锅炉 MFT。

图 1-7　液压缸定位轴承

三、整改措施

（1）更换液压缸，同心度调整至 0.03mm 范围内。

（2）取消液压缸输出指示齿轮，原位置用钢板进行封堵，消除液压缸反馈系统卡涩隐患。停机检修时，取消其他引风机液压缸输出指示齿轮。

案例四　送风机油泵电动机负荷侧轴承故障导致给水流量低低保护动作

一、事件经过

某厂 2 号锅炉为超临界直流锅炉、一次再热、挡板调节再热蒸汽温度、全悬吊结构 Ⅱ 型锅炉。

2018 年 2 月 2 日 21 时 48 分，B 送风机 2 号油泵跳闸，1 号油泵联启正常。就地检查 2 号油泵空气断路器跳开，电动机盘动较沉重、发涩。22 时 0 分，B 送风机 1 号油泵跳闸，B 送风机因"两台油泵均未运行，延时 10s"保护动作跳闸，联跳 B 引风机，立即投入 B 磨煤机油枪，手动停运 A、D 磨煤机，机组降负荷。22 时 7 分，负荷降至 373MW 时给水流量低低保护动作，锅炉 MFT，机组跳闸。

二、检查与分析

运行期间，B 送风机 2 号油泵和 1 号油泵相继跳闸。检查发现，1 号油泵电动机跳闸原因为过电流跳闸；2 号油泵跳闸原因为油泵的电动机负荷侧轴承滚珠卡套损坏。

B 送风机跳闸，联跳 B 引风机，因机组 RB 未投，在减负荷过程中，汽轮机调节门快速关闭，造成锅炉主蒸汽压力升高，给水流量下降至 742t/h（给水泵再循环门逻辑设计为给水泵入口流量低于 742t/h 时直接从 0%开至 17%，低至 460t/h 全开，中间的按照折线关系开启）。给水泵再循环门自动从 0%超驰开至 17%，造成锅炉给水流量下降至给水流量低低值，锅炉 MFT（给水流量低于 389t/h，延时 3s 发锅炉 MFT），联跳汽轮机和发电机。

三、整改措施

（1）加强对运行机组风机油站电动机的检查巡视工作，使用测温测振仪器听针对运行电动机的温度、振动和轴承声音进行检查，发现异常及时处理。

（2）机组大小修期间，对重要设备油站管路进行检查清洗。

（3）投入 RB 并进行性能试验；修改给水泵再循环门逻辑，给水泵入口流量低于 800t/h 时给水泵再循环从 0%逐渐呈线性平滑开启，减少锅炉给水流量在给水泵再循环开启时大幅下降。

案例五　空气预热器热一次风出口膨胀节撕裂导致一次风机停运

一、事件经过

某厂 2 号锅炉型号为 DG1065/17.4－Ⅱ3，亚临界单汽包自然循环 CFB 锅炉，空气预热器为三分仓旋转式空气预热器。

2016 年 12 月 11 日 1 时左右，巡检人员在巡检时发现 2 号炉乙侧空气预热器热一次风出口非金属膨胀节有 1m 长撕裂口，在大量外漏热风的冲刷下裂口有不断扩大的趋势。12 月 11 日 12 时左右，膨胀节裂口扩大，矩形膨胀节已有 3 个面的蒙皮及填充物撕裂，停运一次风机进行处理。

二、检查与分析

检查发现，1 号锅炉乙侧风管固定支架与钢梁处通过焊接固定，而 2 号乙侧风管固定支架处未焊接固定（见图 1-8），导致在热一次风压的作用下风管发生了位移，非金属膨胀节撕裂。

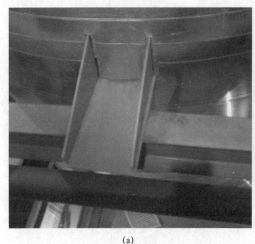 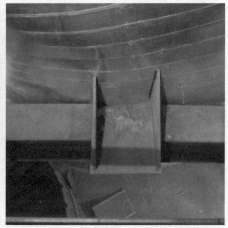

(a)　　　　　　　　　　　　　　　　　　　　(b)

图 1-8　焊接固定对比示意图

（a）炉左方向风道支架；（b）炉后方向风道支架

三、整改措施

（1）对移位的风管进行复位，非金属膨胀节处采用钢板焊接进行临时处理。因风管固定支架暂时未按安装图纸进行焊接，以留作风道膨胀补偿，等更换膨胀节后按图纸要求进行焊接固定。

（2）对 2 号锅炉甲侧同样位置膨胀节进行检查，发现风管固定支架同样未进行固定焊接，风管已经移位，但未造成膨胀节损坏。对甲侧一次风道进行了复位，并对固定支架进行了焊接。

（3）加强 2 号锅炉甲、乙侧热一次风道膨胀节处监视检查，增加巡检频次，防止设备发生二次损坏。

案例六　风机喘振导致锅炉全炉膛灭火

一、事件经过

某厂 1 号机组锅炉为国产超临界、变压、直流锅炉，锅炉型号为 HG1913/25.4-WM。锅炉采用单炉膛、全钢架、悬吊结构、W 形燃烧方式，燃烧器布置在下炉膛出口的前后拱上。

2015 年 11 月 14 日，机组负荷为 410MW，A、B、C、D、E 制粉系统运行，一次风机 A、B，送风机 A、B，引风机 A、B 及增压风机运行。13 时 1 分，一次风机 A 喘振信号发出，随即一次风机 A 动叶自动位指令突然从 62%开至 100%，反馈随即由 62%开至 100%，电流由 82A 下降至 68A。一次风机 A 保护动作跳闸（喘振报警延迟 15s 风机保护动作跳闸）。13 时 2 分，锅炉 MFT，首出"失去全部火焰"。

二、检查与分析

机组启动后，运行人员未严格执行《防止空气预热器堵塞措施》的规定：及时投入 1 号炉暖风器。投用暖风器运行操作不到位导致暖风器出口风温过低，硫酸氢铵积聚，造成空气预热器堵塞。

因空气预热器堵塞，空气预热器二次风压、一次风压、炉膛压力呈周期性波动，对应的一次风机 A 动叶因自动投入，其开度也呈周期性波动。在并网运行后，低负荷阶段上述现象未消除，且一次风机喘振频繁，随空气预热器二次风压呈周期性波动，故判定空气预热器 A 堵塞是一次风机 A 喘振跳闸的主要原因。一次风机 A 喘振跳闸后，一次风压由 7.3kPa 迅速下降至 3.6kPa，炉膛压力由 −17Pa 迅速下降至 −800Pa，导致 1 号炉入炉燃料大幅减少、燃烧恶化，D、E、A、C、B 磨煤机相继失去火焰，造成锅炉 MFT。

三、整改措施

（1）1 号炉停运冷却后对空气预热器进行高压水冲洗，消除空气预热器堵塞的安全隐患。

（2）提高一次风机喘振跳闸的保护定值，并在设备停运后，对一次风机动叶进行全面检查，防止一次风机动叶机械损伤。

（3）细化《防止空气预热器堵塞措施》并强化落实，避免再次发生空气预热器堵塞。

案例七 空气预热器故障导致锅炉全炉膛灭火

一、事件经过

某厂 3 号锅炉为超高压、一次中间再热、自然循环固态排渣煤粉炉，型号为

UG－670/13.7－M 型。空气预热器为容克旋转式，型号为 26.5－Ⅳ（T）－QMR，主辅电动机由超越离合器连接，主电动机运转时，辅电机从动。

2018 年 3 月 3 日 11 时 18 分，机组负荷为 181.7MW，2、3、4、5 号磨煤机运行，1 号磨煤机备用。1、2 号空气预热器主电动机运行，辅电机备用。锅炉 2 号空气预热器主电动机过流跳闸，联启辅电动机，电流在 14.9～23.6A 间摆动。检修人员就地检查发现 2 号空气预热器主电动机尾部手动盘车机构上缠绕电缆。11 时 25 分，2 号空气预热器辅电动机过流跳闸，联启主电动机失败，空气预热器停转。12 时 18 分，机组负荷为 40MW，锅炉 MFT，首出"全炉膛灭火"。

二、检查与分析

事件发生前，1 号空气预热器检修处于恢复保温期间，因辅电动机风扇外部表面温度过高，临时加装一台轴流风机对 1 号空气预热器辅电动机进行强制通风散热。检修人员将剩余电缆甩到零米检修电源箱，准备接线。另外，进行保温恢复的人员不慎将装保温材料的编织袋卷入 2 号空气预热器主电动机尾部光轴上。连带编织袋附近的电缆一同缠在电动机尾部光轴，见图 1－9。

图 1－9　2 号空气预热器主电动机缠绕电缆示意图

2 号空气预热器主电动机缠绕电缆后，主电动机跳闸，联启辅电机。但由于主电动机跳闸后，空气预热器后烟气温度迅速上升，空气侧风温迅速下降，造成空气预热器转子受热膨胀不均，转子发生变形，使得动静部分碰磨，2 号空气预热器辅电动机跳闸。检修人员立即进行 2 号空气预热器主电动机缠绕电缆拆除工作，准备重启主电动机。但空气预热器变形严重，启动失败，机组负荷快速下降，运行人员操作不当导致燃烧恶化，最终全炉膛灭火，锅炉 MFT。

三、整改措施

（1）清理 2 号空气预热器主电动机缠绕的电缆，恢复空气预热器管道保温。

（2）加强运行人员培训，做好空气预热器跳闸的反事故演练。

第三节　制粉系统设备故障典型案例

案例一　制粉系统自燃导致汽轮机跳闸

一、事件经过

某厂 2 号机组锅炉型号为 SG－480/ 13.7－M767，为超高压、中间一次再热、自然循环汽包炉，单炉膛平衡通风、四角切圆燃烧，采用钢球磨煤机中间储仓式乏气送粉系统，共有两台磨煤机。

2016 年 12 月 6 日 15 时 15 分，机组负荷为 120MW，主蒸汽压力为 13.3MPa，主蒸汽温度为 539℃，EH 油压为 14.6MPa，机组运行正常。15 时 19 分，集控室值班人员听到异响，就地检查发现 A 磨煤机入口处冒烟，磨煤机大齿轮下部污油池处有明火。集控室机组运行参数无明显变化，手动调整炉膛压力至正常。15 时 23 分，集控室照明失去，汽轮机跳闸，锅炉 MFT，首出原因"EH 油压低"。

二、检查与分析

机组停运后，现场检查 A 磨煤机入口料斗鼓开，磨煤机入口区域有煤粉喷出后的灼烧迹象，A 磨煤机电动机、减速机外表面被熏黑，减速机观察窗有机玻璃破裂，磨煤机入口北侧上部热工信号电缆局部（锅炉房东墙拐角处、标高 7m）烧损（烧损位置示意图见图 1－10），损坏长度约为 2m，磨煤机出入口防爆门全部破损，粗、细粉分离器共有 3 个防爆门破损。

现场检查磨煤机出口木块分离器篦子向上弯曲，磨煤机入口料斗鼓开，在磨煤机内部发生了自燃。磨煤机入口进料斗衬板结合部有一凸起的补丁，且两排衬板结合部不平齐、形成台阶（见图1-11），容易在此形成积粉。在磨制易自燃煤种时，此处容易形成积粉自燃。

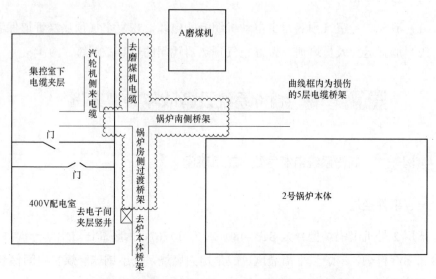

图1-10　烧损位置示意图

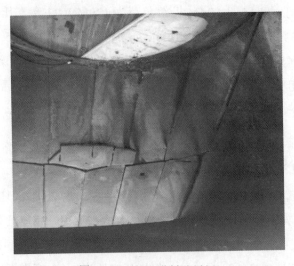

图1-11　入口进料斗衬板

查看2016年6月以来锅炉燃用煤种记录，从干燥无灰基挥发分来看，除个别煤种外，爆炸特性都为Ⅳ级，属于极易爆炸煤种。11月24日至12月5日所进的三列陕西榆神煤种，其通用着火特性指标（F_z）高达 8.2、8.21、8.58，尤其是 12 月 5 日的高达 8.58，属于极易着火煤、极易爆炸煤种。

在制粉系统停磨煤机抽粉时，煤粉浓度处于动态变化过程，极易处于爆炸所需的浓度范围内（0.4～2kg/m³）；因抽粉时有新鲜空气随时补入，所以磨煤机内氧气充足。当班入炉煤质有易燃煤种，且通用着火特性指标 F_z 高达 8.58，在磨煤机入口料斗处积存产生自燃。

经查阅 EH 油压历史数据，跳机时油压值为 14.6MPa，由此判断 EH 油压低保护信号为误发信号。现场检查，发现烧损电缆包含 EH 油压信号电缆，因此可以判断 EH 保护信号误发是由电缆烧损引起，进而引起机组跳闸。

三、整改措施

（1）检修人员对粉仓进行手动放粉，煤粉输送至煤场。检查磨煤机入口料斗，更换破损的防爆门。修复损坏的电缆，并增加电缆桥架盖板等。

（2）对制粉系统进行全面排查。条件具备时，消除制粉系统重点设备如磨煤机入口、粗粉分离器、细粉分离器、再循环管等容易积粉的部位，彻底消除积粉隐患。

（3）运行中适当降低磨煤机出口温度，将磨煤机出口温度控制在 60～65℃。

案例二　给粉机下粉不畅导致汽包水位高高保护动作

一、事件经过

某厂 2 号机组锅炉为 DG1025/18.2－Ⅱ12 型亚临界、一次中间再热自然循环汽包炉，切圆燃烧，尾部双烟道结构，采用挡板调节再热蒸汽温度、中间仓储式钢球磨煤机热风送粉制粉系统。

2015 年 5 月 5 日 14 时 20 分，磨煤机频繁出现停止给煤情况，制粉出力下降。5 月 5 日 18 时 30 分，锅炉粉仓粉位平均下降至 3m，给粉机来粉不均现象逐渐加重，部分粉管一次风速下降，给粉机频繁停运进行吹扫疏通造成汽包水位波动较大，炉膛负压波动大。19 时 28 分，B4、C3、E3 一次风速同时下降，运行人员降低 B4 和 C3 给粉机转速运行，将 E3 给粉机停运吹管疏通，此时"炉膛压力高"报警发出，汽包水位从 －20mm 急剧上升至 110mm，汽包压力开始上升。A、

B 汽动给水泵因转速指令与实际转速偏差大跳为手动，实际转速从 4483r/min 降为 4321r/min，C 磨煤机筒体差压达到 3.5kPa，D 磨煤机筒体差压达到 2.8kPa，运行人员停止给煤，同时进行抽粉。19 时 29 分，汽包水位继续从 98mm 上升至 250mm，锅炉 MFT 保护动作，首出"汽包水位高高"。

二、检查与分析

查阅入厂煤、入炉煤化验资料，事件发生期间，锅炉燃用难磨的贵州织金煤，导致制粉出力下降，粉仓粉位下降后造成给粉机来粉不均现象加重。一次风阻力增大后在风粉混合器下粉口处形成较大的正压情况，给粉机下粉管内的煤粉被较大正压力的一次风"托住"，当下粉管内的煤粉高度足以克服该一次风压力时突然"垮下"，加上粉仓粉位低后粉仓出现煤粉自流情况，使进入粉管的煤粉量时大时小，造成汽包水位波动大。

贵州织金煤灰分重、热值低、流动性变差、煤粉量多增大了输送阻力，部分粉管一次风速下降，在粉管中煤粉在一次风管内沉积流速下降，煤粉堆积越来越多，导致进入燃烧器喷口的煤粉量增大（密度增大）。在停运给粉机和大幅度降低给粉量后一次风速增大，"挤进"燃烧器喷口的煤粉量增大，燃烧瞬时强化，出现第一次较严重虚假水位。汽动给水泵因第一次虚假水位跳为手动时的转速较高，而运行人员没有及时发现调整，给水流量增大，导致汽包水位继续上升。

在停运给粉机吹扫疏通一次风管的同时，又进行磨煤机筒体抽粉操作，导致在第一次虚假水位发生不久后三次风粉量突然瞬时增大，发生二次虚假水位，水位高保护动作，锅炉 MFT 动作，联跳汽轮发电机组。

三、整改措施

（1）燃煤掺烧管理上应进一步细化，同时在燃煤采购上应结合锅炉运行安全性和经济性需要进行考虑。

（2）加强粉仓清理工作，停炉时间较长应将粉仓烧空和清理粉仓，检修校对粉标指示，保证与实际粉位相符。

（3）进行一次风管风粉混合器结构改进，在混合器进粉口处形成微负压状态，保证煤粉及时进入粉管，但不再发生被一次风托住情况。

第四节　灰渣系统设备故障典型案例

案例一　锅炉排渣系统故障导致机组停机

一、事件经过

某厂 2 号机组容量为 350MW，锅炉为超临界参数变压运行直流炉，循环流化床燃烧方式，采用一次中间再热、汽冷式旋风分离器进行气固分离。

2016 年 5 月 9 日 15 时 45 分，锅炉下渣管下渣不畅，冷渣机排渣困难，机组维持 175MW 负荷。17 时 20 分，锅炉床压升至 15.7kPa，机组退出 AGC，负荷降至 135MW。21 时 39 分，锅炉 2、3、5、6 号冷渣机排渣困难，床压高。22 时 1 分，2 号机组解列。

二、检查与分析

调阅入炉煤化验报告，入炉煤粒径和床料粒径控制不当，造成流化较差。该区域内床料的温度急剧上升，超过了灰渣的灰熔点，产生局部结焦。局部结焦进一步黏结周围的颗粒，使结焦范围扩大。局部过量给煤，料层温度进一步升高，超过灰粒熔融及软化温度而结焦。返料器内由于耐磨材料突然塌落造成堵塞，使得返料无法正常返至炉内，床温进一步升高，加剧了炉内结焦。结焦严重后，锅炉下渣管排渣困难，造成机组无法维持负荷，被迫停机。

三、整改措施

（1）严格控制入炉煤粒度。通过摸索和试验，确定包括来煤控制、初选控制、细碎间隙控制、入炉煤粒度筛分、细碎定期调整等一整套措施，严格控制破碎机出煤粒度，大于 10mm 以上的煤粒不高于 2%，解决入炉煤粒度控制问题。

（2）运行过程中，对锅炉燃煤定期进行取样分析，及时给锅炉运行人员提供准确的分析数据，有利于锅炉运行人员进行燃烧调整。运行人员也要密切关注所烧的煤种的情况，一旦煤质变化要及时进行调整。

案例二 锅炉落渣管故障导致机组停机

一、事件经过

某厂 1 号机组锅炉为国产超临界循环流化床锅炉,设置 6 台膜式滚筒水冷式冷渣机,布置平台标高约为 1.8m,进料温度不高于 900℃,出料温度不高于 150℃,落渣管材质为 SUS310S,规格为 $\phi273 \times 8mm$。

2016 年 1 月 28 日 22 时 11 分,机组负荷为 265MW,主蒸汽压力为 21.5MPa,主蒸汽温度为 554℃,再热蒸汽压力为 2.9MPa,再热蒸汽温度为 557℃,给水流量为 926t/h;床温为 870℃。就地检查发现 3 号落渣管处漏灰严重。22 时 42 分,机组与系统解列。

二、检查与分析

现场检查发现,3 号落渣管风室出口第一道焊口断裂。见图 1-12 及图 1-13。

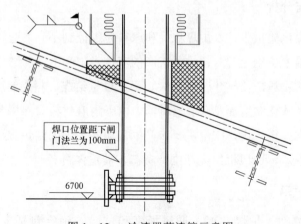

焊口位置距下闸门法兰为100mm

6700

图 1-12 冷渣器落渣管示意图

检查发现 3 号落渣管风室出口第一道焊口,开坡口时坡口钝边超标,局部未焊透,且对口时错口。机组负荷变化时,排渣温度也发生变化,造成未焊透部位的膨胀与管道不一致,长时间运行导致焊口出现裂纹,最终断裂。

三、整改措施

(1)将断裂焊口处全部打磨干净,重新焊接。

(2)对 1、2 号机组同类焊口进行排查处理。

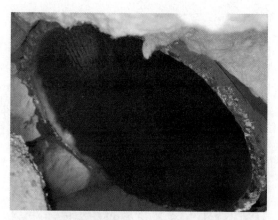

图 1-13　3 号冷渣器下渣门上法兰焊口断裂图片

案例三　捞渣机故障导致机组停机

一、事件经过

某厂 2 号机组锅炉捞渣机是刮板型捞渣机，型号为 GBL-20D×50。捞渣机采用液压传动变频控制，捞渣机的动力采用液压马达系统。捞渣机刮板与链条连接采用无螺栓铰链连接，上、下仓底部采用防破碎、防脱落铸石衬板。

12 月 13 日 5 时 10 分，运行监盘发现捞渣机"断链保护"动作跳闸，就地检查确认锅炉捞渣机链条从尾部内导轮脱开，随即机组降负荷至 300MW，并通知锅炉检修人员处理炉捞渣机故障缺陷。14 日 21 时 17 分，机组打闸停机。

二、检查与分析

停机后进行现场清渣，见图 1-14。

经查阅入炉煤化验报告及锅炉灰渣化验报告，实际燃用煤质偏离设计煤质，煤粉均匀性差，煤粉细度偏粗，炉渣可燃物偏高，达到 20% 以上。调阅检修记录及历史运行曲线、运行日志发现，由于燃烧器更换、修复后，个别燃烧器安装角度存在较大偏差，下层燃烧器风门就地卡涩、开不到位，造成下层燃烧器配风不足。

2 号锅炉渣量大，捞渣机链速需要在 5.5～5.8m/min 左右，大大超出设计链速（0～3m/min）。经过半年多运行，未经修复的刮板耐磨条已磨完，刮板本体受损，致使其抗拉强度明显下降，极易发生弯曲变形（见图 1-15），致使链条间距小于导轮间距，捞渣机链条从尾部内导轮处脱开，锅炉无法排渣，被迫停运。

图 1 - 14 现场清理出的焦块

图 1 - 15 部分变形严重的刮板

三、整改措施

（1）更换张紧轮和变形、磨损严重的刮板并清理积渣；进一步加强捞渣机的检修和维护，细化捞渣机的检修、维护方法；做好捞渣机应急预案和捞渣机各易损备品准备。

（2）加强掺烧掺配，优化配比，最大限度地发挥燃煤效能。

第五节 过热器泄漏故障典型案例

案例一 长时过热+短时过热导致过热器泄漏

一、事件经过

某厂 2 号机组于 2013 年 7 月投产，锅炉型号为 SG－1113/17.5－M887，亚临界一次中间再热控制循环汽包炉，单炉膛 Π 型露天布置，采用双进双出钢球磨煤机正压冷一次风机直吹式制粉系统、四角切圆燃烧方式、全钢架悬吊结构、固态排渣。高温过热器位于水平烟道的后部，管排呈双 U 形布置，共 81 排，每排共有 4 个管圈，采用顺流布置。管屏入口段材质为 SA213－T23，规格 ϕ51×7mm；出口段材质为 SA213－T91，规格 ϕ51×7mm。

2016 年 12 月 20 日 19 时 30 分，机组负荷为 306MW，过热器出口压力为 16.7MPa，主蒸汽温度为 540℃，再热蒸汽温度为 539℃，炉膛压力为－30Pa，2 号炉炉膛负压由－19Pa 突升至 812.3Pa，就地检查发现高温过热器处有明显泄漏声，确认高温过热器泄漏；22 时 39 分，机组解列。

二、检查与分析

停炉后进行检查，发现泄漏点位于高温过热器入口段的前弯头上方约 0.5m 高度处，共有 3 处漏点（见图 1－16），分别为右数第 40 排的前数第 2、3 根和第 41 排的前数第 7 根，依次标记为漏点 1、2、3，第 40 排泄漏后管子存在出列现象。漏点 1 爆口呈喇叭状，管子边缘锋利，明显胀粗，爆口长度为 130mm、宽度为 85mm，泄漏方向朝向炉前。漏点 2 与漏点 1 位于同一高度，泄漏方向向炉后，漏点附近有明显冲刷减薄痕迹。漏点 3 高度与前两者相同，漏点处有明显冲刷减薄痕迹，泄漏方向朝向炉后。3 处泄漏管材质均为 T23。此外，第 39、40、41、42 屏共 9 根管子存在吹损减薄现象。对泄漏管内部进行内窥镜检查，未发现异物。

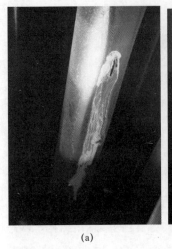 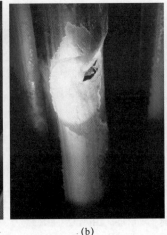 

(a)   (b)   (c)

图 1-16 现场检查漏点情况

(a) 漏点 1；(b) 漏点 2；(c) 漏点 3

对爆口管和吹损管分别进行取样检验，爆口管内壁氧化皮厚度在 0.23mm 左右，爆口附近组织老化 3.5～4 级，内壁氧化皮厚度在 0.06mm 左右，呈长期过热特征，检测布氏硬度为 138HB（低于 DL/T 438《火力发电厂金属技术监督规程》要求）。根据现场爆口图片分析，高温过热器入口段右数第 40 排的前数第 3 根管（漏点 1）为第一漏点，爆口形貌为典型的短时过热爆管。对爆口内壁氧化皮进行金相分析，发现该管存在长时过热的特征。

经光谱分析，泄漏管材质符合 T23 的成分要求，排除错用材料因素；根据现场检查情况分析，排除受热面普遍过热的原因。

按照美国及加拿大普遍采用的 Laborelec 经验公式计算，即

$$T=\frac{a}{b+\log t-2\log(0.4678x)}-273.15$$

式中　T——金属温度，℃；

　　　a、b——特定材料常数；

　　　t——管子已运行时间，h；

　　　x——管子内壁氧化皮厚度，mm。

因 T23 成分与 12Cr1MoVG 成分接近，套用此公式，对 T23 管壁温进行计算（其中氧化层厚度为 0.23mm，管子运行时间为 21 281h），管子壁温约为 579℃，大于 T23 不宜超过 570℃ 的标准，说明管子在运行期间处于长时过热。

分析认为，该受热面管在基建期或检修期进入细小杂物，虽不足以导致堵塞爆管，但影响通流面积，使受热面管长期处于过热状态，在内壁生成氧化皮。另外，机组负荷波动导致管内壁氧化皮大面积脱落，瞬时堵塞受热面管下弯头，发生短时过热爆管，异物与氧化皮均随蒸汽从爆口吹出。

三、整改措施

（1）对泄漏和吹损减薄超标的受热面管进行更换，做好新换管的验收和焊接质量的控制工作。

（2）利用机组检修机会，加强对联箱、汽包等部位基建遗留物的检查力度，并对高温过热器、高温再热器合理加装壁温测点，加强运行期间的超温监护。

（3）进一步加强防磨防爆检查工作，完善检查项目，细化全过程监督检查措施，做好重要受热面的胀粗检查和氧化皮检查工作。

案例二　长时过热导致过热器爆管

一、事件经过

某厂 2 号机组锅炉型号为 HG－1021/18.2－YM4，亚临界一次中间再热、自然循环汽包炉，采用单炉体负压炉膛，倒 U 形布置，该机组于 1993 年 12 月 2 日投入运行。

2018 年 7 月 31 日 17 时 50 分，机组负荷为 291MW，主蒸汽压力为 15.8MPa，主蒸汽温度为 530℃，再热蒸汽温度为 528℃，汽包压力为 17.6MPa，主汽流量为 923t/h，给水流量为 797t/h，汽包水位为 7.14mm，炉膛压力为－23.35Pa，炉膛压力突然变正，就地检查发现 2 号锅炉本体 8 层附近有较大异声，确认锅炉受热面泄漏。22 时 33 分，机组与系统解列。

二、检查与分析

停炉后检查发现，标高 48m 后屏过热器 A9 屏出口后数第 11 根管直管段处爆管，材质为 12Cr1MoV，规格为 $\phi54×9$mm，爆管后将 A8、A9、A10、A11 排部分管段吹损减薄并泄漏。爆口胀粗明显，为粗糙的钝性爆口，爆口较大，边缘粗钝，呈平整的钝边，具有典型的厚唇型爆破特征。爆口附近管壁有较厚氧化皮，厚度约为 1.6mm，爆口内壁氧化皮厚度约为 0.6mm，在爆口附近内外壁有沿管材纵向裂纹，具有材质老化爆管宏观特征。爆口如图1-17所示。

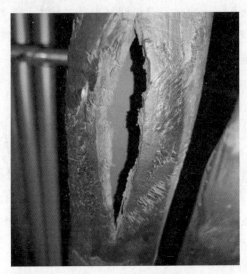

图1-17 爆口图片

自1993年12月2日投产至本次爆管，后屏过热器已经累计运行接近16万h。2013年2号锅炉定期检验中对后屏过热器进行过割管检验（运行时间为12.6万h），金相组织球化已经达到4.5级。分析认为，长时间运行导致管子材质老化，使爆管管段因强度不足而发生爆管。

三、整改措施

（1）对2号锅炉后屏过热器泄漏和减薄的管段进行更换，同时对其他后屏过热器管进行表面氧化和蠕变胀粗检查，发现超标管段及时进行更换。

（2）全面检查受热面老化情况，评估过热器和再热器系统整体老化情况。再根据检查评估结果进行受热面技术改造。

案例三 短时过热导致过热器泄漏

一、事件经过

某厂2号机组锅炉型号为DG1950/25.4-Ⅱ8型，超临界参数、W形火焰燃烧、变压运行直流锅炉、一次中间再热、挡板调节再热蒸汽温度。屏式过热器前后布置2组，每组包括22排管屏，每排管屏由17根U形管圈组成，排间距为

1320/1412mm，管圈节距为 57mm。

2015 年 7 月 12 日 14 时 23 分，机组负荷为 306MW，主蒸汽流量为 867t/h，给水流量为 903t/h，主蒸汽压力为 13.74MPa，温度为 560℃；再热蒸汽压力为 1.9MPa，温度为 562℃。运行人员发现炉膛压力突然变正，就地检查屏式过热器区域有较大泄漏声，确认屏式过热器泄漏，机组滑停。

二、检查与分析

现场检查发现，屏式过热器从左往右数第 12 屏第 17 根管子爆管，爆口位置在材质 SA213 – T91（规格 ϕ45×7.5mm）与材质 SA213 – TP347HFG（规格 ϕ45×11mm）异种钢焊口上方 50mm 处。爆口呈喇叭口形，爆口边缘较为锋利，爆管位置胀粗明显，爆口沿纵向撕裂，爆口长度约为 45mm，爆口最宽处约为 30mm，爆口的内壁表面光洁，管壁厚度沿圆周方向至爆口边缘均匀减薄，是典型的短时过热爆管特征。取爆管管样进行失效分析，发现爆管管样金相组织偏离正常组织，硬度略低于标准值，屈服强度不符合要求。

结合爆管特征及停炉后内窥镜现场检查结果分析认为，屏式过热器入口集箱节流孔被异物堵塞，造成管子介质流量减小及管子壁温上升，在高温下的环向应力超过其材料本身强度而发生爆管。

三、整改措施

（1）更换泄漏管段，新增加焊口进行 100%探伤。加强更换管段过程质量控制，做好防异物堵塞措施。

（2）落实"逢停必查"，进一步扩大检查，排查其他可能存在异物堵塞的管子和集箱。

案例四　冲刷磨损导致过热器泄漏

一、事件经过

某厂两台 135MW 供热机组，2 号机组锅炉型号为 DG – 480/13.7 – Ⅱ10，超高压、单炉膛、Ⅱ型布置、四角切圆燃烧方式、平衡通风，受热面采用全悬吊方式。2 号机组于 2007 年 5 月 31 日投产，截至 2012 年 1 月 14 日，累计运行 40 625h，启停 52 次。

2012 年 1 月 14 日 18 时 1 分，2 号炉炉膛压力由 –35Pa 突升至 300Pa，主给水流量由 455t/h 升至 540t/h，主蒸汽流量由 415t/h 下降至 385t/h，右侧高温再热器后烟气温度由 702℃ 短时降至 603℃，就地检查发现 2 号炉本体 32～35m 右侧有较大泄漏声，初步判断为过热器系统泄漏，立即采取降压降负荷措施，并开大供暖蝶阀。当时 2 号机组负荷为 121MW，主蒸汽压力为 11.77MPa，主蒸汽温度为 539℃，再热蒸汽温度为 541℃，供热流量为 130t/h。19 时 58 分，机组停机。

二、检查与分析

停机后检查发现，前包墙过热器标高 35m 从右数第 13 根管发生泄漏，泄漏部件材料为 20G，规格为 $\phi42×5mm$。检查管壁无明显胀粗，排除过热爆管，爆口周围比较薄，爆口向外，长 38mm，最宽处为 32mm，很明显可以看出过热器管泄漏侧壁厚度偏薄，存在冲刷磨损痕迹，分析认为是由于存在烟气走廊、烟气冲刷磨损减薄管壁，最终强度不足发生泄漏。另检查发现 35m 前包墙过热器从左数第 5 根管，右数第 8、14、15 根管受烟气冲蚀减薄超标，管子外部观察减薄比较明显。宏观形貌图如图 1–18 所示。

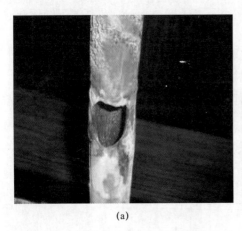 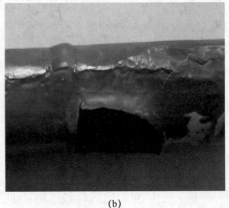

(a)　　　　　　　　　　　　　　　(b)

图 1–18　宏观形貌图
(a) 炉膛内原始形貌；(b) 爆口侧面形貌

三、整改措施

（1）更换泄漏和壁厚减薄超标的过热器管，新增加焊口进行 100% 探伤。

（2）提高入炉煤煤质质量，降低煤粉细度，减轻受热面磨损程度。

（3）优化运行参数，尽量避免烟速过大，减少飞灰对管子的冲蚀磨损问题。

（4）加强受热面防磨防爆检查，充分利用机组调停的机会消除受热面缺陷，对容易磨损区域进行表面喷涂处理，增强耐磨性能，提高设备可靠性。

案例五 机械磨损导致过热器泄漏

一、事件经过

某厂 2 号机组为 135MW 供热机组，锅炉型号为 DG－480/13.7－Ⅱ10，超高压、单炉膛、Π型布置、四角切圆燃烧方式、平衡通风，受热面采用全悬吊方式。该机组于 2007 年 5 月 31 日投产，截至 2012 年 3 月 11 日，累计运行 41 000h，启停 54 次。

2012 年 3 月 11 日 13 时 57 分，机组负荷为 105MW、主蒸汽温度为 538℃、再热蒸汽温度为 534℃、主蒸汽压力为 10.59MPa，供热抽汽流量为 120t/h，炉膛压力由－21Pa 突升至+206Pa。就地检查发现 2 号炉 29.2m 右侧 4 号角处有蒸汽泄漏声，主给水流量为 390t/h，比主蒸汽流量高 30t/h。15 时 20 分，机组打闸停机。

二、检查与分析

停炉后检查发现，全大屏过热器第 1 列第 19 圈竖直管 1 处爆口、1 处吹损；全大屏过热器第一屏定位管 1 处泄漏，共计 3 处泄漏点；西侧全大屏过热器定位管卡子（6 列 5 处卡子）整体脱落。爆管部件材料为 12Cr1MoV 和钢 102，规格为 $\phi42\times5$mm。

图 1－19（a）、（b）所示为管排定位管磨损泄漏点，管材为 12Cr1MoVG，规格为 $\phi42\times5$mm，未见明显涨粗，定位管口有明显磨损凹坑面，泄漏孔尺寸为 16mm×8mm。图 1－19（c）、（d）所示为全大屏过热器第 1 列第 19 圈竖直管泄漏处表面，管材为钢 102，规格为 $\phi42\times5$mm，未见明显胀粗，认为其主要受泄漏蒸汽喷吹影响而产生，此泄漏孔尺寸为 32mm×10mm。管排定位管是第一泄漏点，属于机械磨损，泄漏后吹损全大屏竖直管，造成大屏竖直管泄漏。

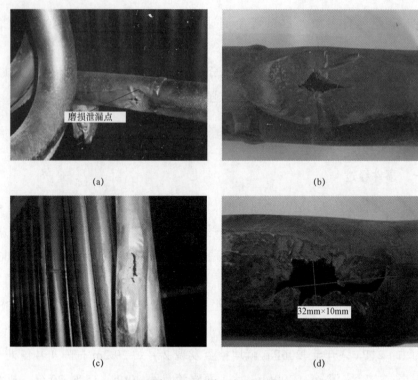

图 1-19 爆口宏观形貌

（a）定位管磨损泄漏点；（b）定位管磨损泄漏点放大；
（c）竖直管泄漏处；（d）竖直管泄漏处放大

三、整改措施

（1）更换泄漏的过热器管；管壁磨损部位打磨后采用测厚仪等仪器进行测厚，磨损超过原壁厚 30% 的进行更换或闷堵，轻微磨损的加装防磨装置。

（2）检修中对于变形、开裂、脱落的管夹进行更换固定，管夹处易发生磨损的加装防磨护瓦。

（3）对于穿墙管应加装防磨套管。对于易磨损部位的受热面还可考虑采用喷涂耐磨合金材料、管子搪瓷、涂防磨涂料或采用渗铝管等防磨措施。

案例六 原始焊口质量问题导致过热器泄漏

一、事件经过

某厂 1 号炉于 2006 年 2 月投产，锅炉型号为 SG-1036/17.47-M884，亚临

界压力、自然循环汽包炉，单炉膛、一次中间再热、燃烧器摆动调温、平衡通风、四角切向燃烧、固态排渣、全钢架悬吊结构。截至 2013 年 11 月 2 日，累计运行 39 692h，启停 27 次。

2013 年 11 月 1 日下午，1 号锅炉 35～50m 炉本体左墙有异声，机组满负荷，运行参数正常，补水量无变化，由于此部位管路布置复杂，无法判断具体泄漏位置。11 月 2 日 1 时左右，该部位异声明显变大，补水量每小时增加 10t 左右，11 月 2 日 2 时 50 分停炉。

二、检查与分析

停炉后检查发现锅炉 46m，3 号角左后墙数第 4 排次外圈弯头与直管连接处发生泄漏，部件为低温过热器，材料为 20G，规格为 $\phi51×6.5mm$。爆口原始形貌如图 1-20 所示，爆口位于焊缝位置，呈现砂眼状泄漏，经检测，原始施工焊口砂眼直径约为 2mm。另检查发现第 5 排次外圈弯头爆裂约 1cm 长，第 5 排次外圈直管段有 3 根受到冲刷，导致管壁厚度仅为 2.5mm。

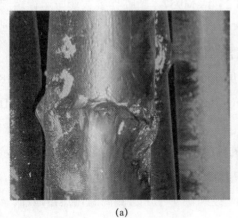
(a)
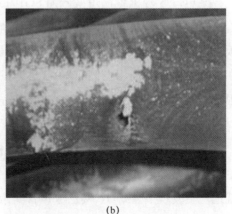
(b)

图 1-20 爆口原始形貌

分析可知，原始施工焊口砂眼为首先出现的泄漏点，泄漏产生的高温高压蒸汽直吹至第 5 排次外圈弯头导致该弯头爆裂，爆裂后蒸汽吹到其他管路，导致其他管路的管壁磨损减薄。总共发现漏点两处，3 号角左后墙数第 4 排次外圈弯头与直管连接处原始焊口砂眼泄漏为本次泄漏的第一泄漏点，失效原因归结为焊接质量问题。

三、整改措施

（1）更换泄漏管段，新增焊口焊后进行 100% 探伤。

（2）掌握机组所有异种钢接头所分布的部件和位置，检修时加强宏观检查，必要时进行探伤或取样检验。

（3）机组安装和检修过程中尽量避免工地异种钢接头，特别是尽量避免马氏体－珠光体、马氏体－奥氏体、奥氏体－珠光体的组合，确实无法避免时，应尽量使异种钢焊接接头位于低应力区并尽可能炉外焊接。

第六节　再热器泄漏故障典型案例

案例一　长时过热导致再热器爆管

一、事件经过

某电厂 5 号机组锅炉型号为 SG1913/25.4－M957，超临界参数变压运行螺旋管圈直流炉、一次中间再热、四角切圆燃烧方式、单炉膛、尾部双烟道，采用挡板调节再热蒸汽温度。其中，高温再热器布置在折焰角上部，与烟气顺流布置，高温再热器受热面甲乙侧布置 33 屏，每屏由 18 根 U 形管组成，其中内圈 7～18 根管材质设计为 T23，规格为 $\phi 63.5 \times 4mm$，其他位置选用 T91、TP304H、TP347H 材料。

2018 年 6 月 13 日 0 时 48 分，5 号机负荷为 470MW，给水流量为 1530t/h，主蒸汽温度为 545℃，主蒸汽压力为 22.74MPa，5 号炉 DCS "炉膛泄漏" 报警，就地检查发现 5 号炉 10 楼乙侧声音异常，经确认 5 号炉乙侧高温再热器泄漏。4 时 43 分，机组滑参数停机。该机组自 2007 年投运以来，曾多次发生高温再热器管撕裂爆管。爆口照片见图 1－21。

二、检查与分析

停炉后，检查确认第一泄漏点为高温再热器甲侧往乙侧数第 19 排最内圈 U 形弯，材质为 T23，规格为 $\phi 63.5 \times 6mm$。割管检查 U 形弯，未见氧化皮堆积现象，内壁氧化皮无明显脱落痕迹，但发现管子内壁存在纵向树皮纹，有明显老化现象。

进一步取样进行实验室分析，内部氧化皮厚度达 657mm，显微组织老化评级为 4.5 级，强度已接近标准要求最低值，存在明显老化现象。

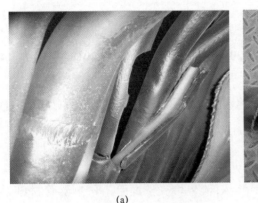
(a)

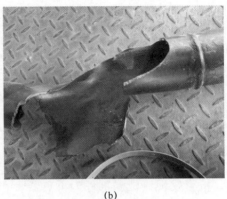
(b)

图 1-21 爆口照片
（a）炉高温再热器爆管；（b）第一爆口宏观形貌

根据引进技术和 ASME 的材料标准，T23 材料的极限允许使用温度为 593℃，实际使用中发现该材料在此温度下运行存在加速老化的问题，目前，锅炉制造厂已不再使用 T23 材料制造高温受热面。使用该材料的高温再热器在 570℃下长期运行，导致高温再热器局部管材强度降低，产生竖状裂纹，进而发生爆管。

三、整改措施

（1）更换泄漏管段及减薄超标管段，对新增焊口进行 100% 探伤。

（2）制定技改计划，在下次大修中将高温再热器第 1~6、18~33 屏，共计 22 屏的 T23 管材更换为 T91 材质，解决管材运行温度受限的问题。

（3）加强锅炉的燃烧调整，保证燃烧稳定。在燃烧调整过程中，运行人员严格监控各受热面蒸汽温度的变化，保证主/再热蒸汽温度在合理的范围内，不超温。特别是启停机过程，加强温度、压力变化管控，避免出现大的冲击。

（4）做好逢停必检防磨防爆检查工作，对高温再热器 T23 管材进行宏观及蠕胀检查，发现异常及时更换。

案例二 吹灰器吹损减薄导致再热器爆管（一）

一、事件经过

某厂两台 705t/h 循环流化床锅炉，型号为 DG705/13.8-Ⅱ/1，超高压一次中间再热、自然循环汽包炉。1 号机组于 2010 年 3 月投产，截至 2013 年 10 月 14 日，累计运 9400h，启停 27 次。

2013 年 10 月 14 日 8 点 25 分，1 号机组水流量与主汽流量相差较大，判定机组发生泄漏，机组于 10 点 15 分停机。

二、检查与分析

检查发现，泄漏部件为再热器管和 A 侧包墙受热面管。再热器管材料为 15CrMo，规格为 ϕ57×4.5mm；包墙受热面管为 20G，规格为 ϕ51×7mm。图 1-22 (a) 所示为再热器管爆口原始形貌，爆口大小为 3cm×3cm，爆口周围有很明显的受冲刷减薄特征，减薄量比较大；包墙受热面管（吹灰器右侧）的泄漏口原始宏观形貌如图 1-22 (b) 和图 1-22 (c) 所示，同再热器管爆口形貌有点相似，也有很明显的冲刷减薄特征，包墙受热面管的泄漏点一共有两个，大小分别为 18cm×2cm 和 10cm×1.2cm。在标高 42.2m 现场设计有 IK06 吹灰器，检查发现，吹灰器（IK06）吹扫后不能自动退出，处于关闭不严，长期内漏的状态。

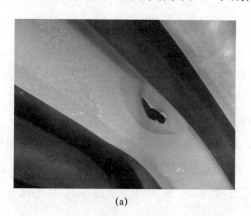

(a)

图 1-22 A 侧包墙受热面管爆口宏观形貌（一）

(a) 再热器管爆口原始形貌

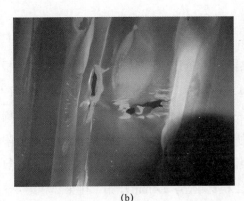
(b)

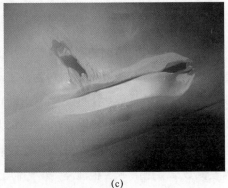
(c)

图 1-22 A 侧包墙受热面管爆口宏观形貌（二）

（b）正视；（c）侧视

分析认为，由于吹灰器长期冲刷再热器弯管，使管壁变薄导致弯管处泄漏，泄漏后汽流冲刷对面包墙受热面管（吹灰器右侧），使两处管排泄漏。

三、整改措施

（1）更换泄漏管段，检修停炉期间加强炉内受热面监督检查，坚持逢停必查的原则，以最大限度地减少事故隐患。

（2）加强吹灰器管理，对吹灰器系统程序和存在的问题进行处理并消缺，要求做到全面仔细。

（3）加强巡检，当发现吹灰器卡死、未退出等现象时，立即采取措施解决问题。

案例三 吹灰器吹损减薄导致再热器爆管（二）

一、事件经过

某厂 1 号锅炉型号为 SG2093/17.5-M917，为亚临界、一次中间再热、控制循环、四角切圆燃烧方式、燃烧器摆动调温。该机组于 2007 年 9 月 22 日投产，截至 2012 年 3 月 15 日，累计运行 35 446h，启停 8 次。

2012 年 3 月 15 日 9 时 50 分，2 号机组负荷为 485MW，主蒸汽压力为 16.2MPa，主蒸汽温度为 541℃，再热蒸汽压力为 3.2MPa，再热蒸汽温度为 541℃，2 号炉"锅炉四管"（过热器管、再热器管、水冷壁管、省煤器管）泄漏装置报警，隔离 2 号炉本体吹灰器后，就地检查后屏与屏式再热器之间有漏汽声，判断锅炉受热面出现泄漏，机组停机。

二、检查与分析

停炉检查发现泄漏的部件为末级再热器管，位于末级再热器炉左第二排第 1 根直管段，规格为ϕ63×4mm，材料为 12Cr1MoV。爆口具有明显的冲刷痕迹，周围冲刷磨损形成的平面光滑且面积大，如图 1-23（a）和图 1-23（b）所示，泄漏口周围的管道较锋利，爆口长为 600mm、宽为 200mm。同时，检查还发现 L8 吹灰器附近，末级再热器自炉左侧数第二排第 1 根泄漏，第三排第 1 根冲刷严重；屏式再热器左侧数第二排第 1、3 根泄漏，第一排第 1 根（测壁厚 1.4mm）、第二排第 2 和第 4～17 根管（测壁厚为 2.4～2.8mm）冲刷严重。L7 吹灰器附近，第二排第 1 根管冲刷较严重（2.6mm）；L9 吹灰器附近，末级过热器自左侧数第一、二、三、五、七排第 1 根管冲刷严重；L4 吹灰器附近，屏式再热器左侧数第二排第 1 根冲刷严重。

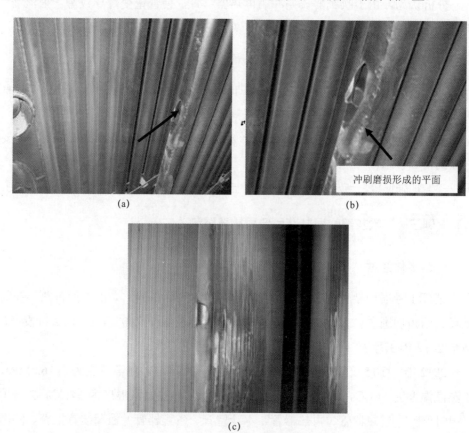

(a)　(b)　(c)

图 1-23　爆口原始形貌

（a）低温再热器的第一泄漏点原始形貌；（b）第一泄漏点附近形貌；（c）其他泄漏点形貌

分析认为，末级再热器减薄区域管屏基本位于吹灰器附近的左、右数第 1～3 排的局部区域，而且其他管排未发现有受损现象，管屏排列整齐未见异常。因此，管道的吹灰减薄与吹灰器的冲刷磨损直接相关，最后减薄至强度不能承受内部压力而爆管。

三、整改措施

（1）更换泄漏及受损管段。坚持"逢停必查"，利用大小修、停机备用机会，对吹灰器周围及曾经发生过泄漏或异常的部位等进行重点细致检查，做好定点测厚工作。

（2）加强吹灰器管理，对吹灰器系统程序和存在的问题进行处理并消缺，要求做到全面仔细。

案例四　烟气冲刷磨损导致再热器爆管

一、事件经过

某厂 1 号机组额定负荷为 135MW，锅炉型号为 HG－480/13.7－L.YM26，为超高压参数循环流化床汽包炉、自然循环、单炉膛、一次再热、平衡通风。2014 年 12 月 14 日 22 时 9 分，机组负荷为 74MW，主蒸汽压力为 11.3MPa，主蒸汽温度为 530℃，发现 1 号炉尾部烟道中部有汽水泄漏响声，判断低温再热器和包墙过热器附近管泄漏。22 时 29 分，机组停机。

二、检查与分析

停炉检查发现泄漏的部件为低温再热器管及周围的包墙过热器管，位置为前墙右数 1-1 低温再热器弯管，连带邻近的包墙管。低温再热器泄漏部件的规格为 $\phi51\times4mm$，材料为 20G；现场检查，判断第一泄漏点为低温再热器弯管右往左数第 1 排前往后数第 1 根，泄漏点周围有比较明显的汽水冲刷痕迹，如图 1－24（a）和图 1－24（b）所示，泄漏点周围减薄明显，形成一个光滑的平面。泄漏喷出的汽水冲刷减薄邻近右包墙过热器管 2 根，右包墙过热器管泄漏后又造成低温再热器弯管受汽水冲刷泄漏 1 根。另检查发现壁厚减薄超标 3 根。

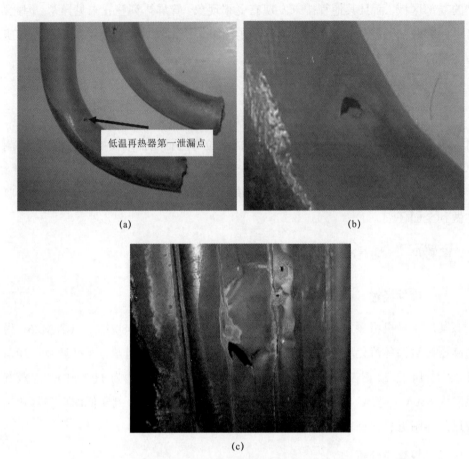

图 1-24 爆口原始形貌

(a) 低温再热器第一泄漏点原始形貌；(b) 第一泄漏点附近形貌；
(c) 泄漏的包墙过热器管子

分析认为，此处低温再热器弯管与前包墙过热器管间隙很小，与侧包墙过热器管间隙有 80mm 左右，烟气流穿过此处，受低温再热器弯管的阻流、导向，造成弯管内弧偏侧磨损，直至泄漏。第一泄漏点泄漏后汽水冲刷造成包墙过热器管泄漏，又继续互相吹损，共计形成 4 处泄漏点。

三、整改措施

（1）更换泄漏及减薄超标管段，对新增焊口进行 100%探伤。

（2）为了防止低温再热器的扩大磨损，减缓磨损速率，在再热器上部加装阻流板，导流烟气，并减小烟气流速度，减轻磨损。

（3）落实防磨防爆检查，利用停炉消缺机会对泄漏部位周围的其他管子进行全面检查，并详细记录检查情况。

案例五　安装不当和冲刷磨损导致再热器爆管

一、事件经过

某厂 2 台 200MW 超高压燃煤机组，锅炉型号为 UG－745/13.7－M，为超高压一次中间再热循环流化床锅炉，1 号机组于 2010 年 10 月投产。2012 年 3 月 13 日 16 时 15 分，1 号炉炉膛突然出现正压，高温再热器左侧温度下降很快，机组负荷为 177MW，锅炉主蒸汽压力为 13.2MPa，锅炉主蒸汽温度为 542℃，真空为－97.2kPa。经分析高温段再热器泄漏，16 时 20 分，开始滑停；17 时 25 分，机组解列。

二、检查与分析

停机后检查发现，泄漏部件为高温再热器吊挂管顶棚处甲侧第 5、6 两根，材料为 15CrMo，规格为 ϕ44.5×4mm，图 1－25（a）所示为高温再热器吊挂管爆口原始形貌，发生泄漏的位置一共有 2 处，泄漏位置周围有很明显的冲刷减薄特征，减薄量较大，如图 1－25（b）、（c）所示。在泄漏口周围观察到冲刷磨损形成的平面，如图 1－25（c）中的爆口形貌显示，爆口边缘较为锋利，管壁较薄。分析认为高温再热器吊挂管的管壁变薄，不能承受内部蒸汽压力导致爆管。

三、整改措施

（1）更换泄漏管段，并加装防磨瓦。

（2）安装防磨瓦时要严格按照设计工艺，不得偷工减料。

（3）加强炉内受热面监督检查，坚持"锅炉四管"逢停必查的原则，最大限度地减少事故隐患。

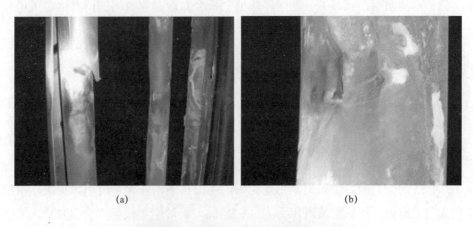

(a)   (b)

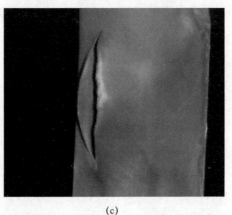

(c)

图 1-25 爆口原始形貌

（a）高温再热器吊挂管爆口原始形貌；（b）爆口周围形貌 1；（c）爆口周围形貌 2

案例六 **热应力疲劳导致再热器爆管**

一、事件经过

某厂 3 号锅炉型号为 HG-2008/18.2-YM2，为单汽包强制循环固态排渣煤粉炉，该机组于 1996 年 12 月投产。2015 年 12 月 12 日 2 时 45 分，3 号机组主蒸汽温度为 538℃，主蒸汽压力为 14.5MPa，9 号"锅炉四管"泄漏报警测点出现报警，判断后屏过热器及再热器发生泄漏，机组停机。

二、检查与分析

停炉后检查发现，泄漏位置为后屏再热器甲往乙数第 4 屏前往后数第 2 根管子与固定卡块焊缝处，材料为 12Cr1MoV，规格为 $\phi 63 \times 4mm$。爆口大小为 40mm×14mm，呈长方形，该管子泄漏后蒸汽将流体冷却间隔管固定管卡吹漏、流体冷却间隔管吹损减薄超标，之后将本屏前数第 1 根管及后屏过热器甲数第 3 屏后数第 1 根管吹漏，后屏过热器泄漏处又将后屏再热器甲数第 6 屏前数第 2、4 根管子吹漏，并且导致甲数第 3 屏后屏过热器对应部位流体冷却间隔管变形严重。本次泄漏中后屏再热器管泄漏 4 根，减薄 33 根，后屏过热器泄漏 1 根、减薄 8 根。爆口原始形貌如图 1-26 所示。

图 1-26 爆口原始形貌

从爆口的宏观形貌可见，爆口边缘光滑，基本没有减薄的痕迹，也没有发生明显的塑性变形，管子未有胀粗现象，无过热现象。分析认为，由于定位卡块和管子母材材质不同，同时，此位置长期受交变热应力的影响，由于温度变化，容易引起管子和卡块的热胀冷缩，产生热疲劳裂纹，当裂纹扩展至不能承受管子内部压力时，发生爆管。

三、整改措施

（1）更换泄漏管段，对新增焊口进行 100%探伤。

（2）在锅炉运行过程中应该控制好炉膛燃烧及气流扰动工况。

（3）检修停炉期间加强炉内受热面监督检查，利用长期停炉的时间对此部位管卡固定方式进行全面检查和改进。

第七节 省煤器泄漏故障典型案例

案例一 烟气冲刷磨损导致省煤器泄漏

一、事件经过

某厂两台 135MW 供热机组，2 号机组锅炉型号为 DG-480/13.7-Ⅱ10，超高压、单炉膛、Ⅱ型布置、四角切圆燃烧方式、平衡通风、受热面采用全悬吊方式。该机组于 2007 年 5 月 31 日投产。

2013 年 10 月 1 日 15 时 1 分，运行人员监盘发现 2 号机组负荷为 125MW，主蒸汽压力为 11.79MPa，主蒸汽温度为 539℃，再热蒸汽温度为 543℃，供热流量为 135t/h，炉膛负压由 -35Pa 突升至 300Pa，就地检查发现 2 号炉省煤器区域有较大泄漏声，初步判断为省煤器泄漏。19 时 58 分，机组停机。

二、检查与分析

停炉后，检查发现泄漏位置为上级省煤器迎风面的第一排管。图 1-27 所示为泄漏位置照片。由图 1-27（a）和图 1-27（b）可以看出泄漏点两侧的螺旋鳍片高度发生了变化，由外向内高度依次降低，而接近泄漏点附近的鳍片上半部分完全消失，同时由图 1-27（c）可以发现泄漏位置一侧（迎风侧）的省煤器管壁明显减薄。

分析认为，由于高速粉煤灰气流冲刷省煤器管，产生冲蚀磨损，导致 2 号锅炉上级省煤器管频繁泄漏。

三、整改措施

（1）更换泄漏管段以及磨损减薄超标的管段，对新增焊口进行 100% 探伤。

（2）加强入炉煤的掺配掺烧，优化燃烧调整，合理控制引风机风量、风压，将烟气流速控制适当。

（3）对于易磨损部位的受热面还可考虑采用喷涂耐磨合金材料、管子搪瓷、涂防磨涂料或采用渗铝管等防磨措施。或者在受热面管子、弯头、联箱连接斜管的迎风侧加装护瓦，在竖井烟道内卧式布置的受热面上数第一、二、三排上部加装护瓦，靠近炉墙处加装挡风盖板装置。

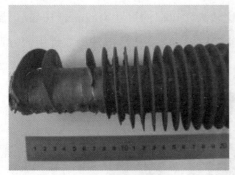
(a)

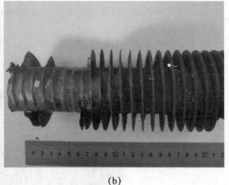
(b)

(c)

图 1-27　泄漏省煤器管宏观形貌
(a) 泄漏管形貌（侧面）；(b) 泄漏管形貌（正面）；(c) 解剖管样

案例二　烟气冲刷磨损导致省煤器爆管（一）

一、事件经过

某厂 11 号锅炉型号为 410-9.8/540-Pyrofow，为常压、单汽包自然循环、循环流化床锅炉，该机组于 1996 年 4 月 11 日投产。

2012 年 3 月 6 日 3 点 50 分，给水流量增大，省煤器出口温度逐渐下降至 62℃，排烟温度为 126℃，空气预热器一次风温由 218℃ 逐渐降至 200℃。锅炉暂停排污，给水流量仍不断增大，经检查确认省煤器泄漏，10 时 34 分机组停机。

二、检查与分析

停炉后检查发现，第一泄漏点位置为省煤器管进口联箱炉后甲往乙数第 100 屏下往上数第二弯头，材料为 20G，规格为 $\phi 32 \times 4mm$。爆口及周围有明显的烟气和灰尘冲刷磨损的痕迹，管壁减薄量比较大，爆口的尺寸为 2mm×10mm，属于典型的冲刷磨损造成的爆管。该管子爆管后，高温高压蒸汽冲刷靠近甲侧方弯头，使得弯头的表面出现比较深的凹坑。爆口宏观形貌如图 1-28 所示。

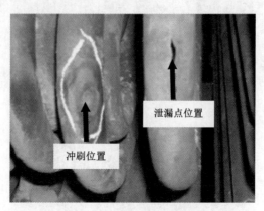

图 1-28　爆口宏观形貌

分析认为，由于入炉煤质较差（实际煤质热值为 15 037kJ/kg、灰分为 45.6%，设计值热值为 22 560kJ/kg、灰分为 22.16%），为了确保流化效果，锅炉用风量和风速都较大，烟气含尘量大，对受热管道冲刷磨损严重，加之布置紧凑，管屏间、管屏与墙壁间间距（60mm）太小，正常情况下无法进行有效的检查，不能及时对磨损管子进行处理，最终导致管子泄漏。

三、整改措施

（1）更换泄漏管段及磨损减薄超标的管段，对新增焊口进行 100%探伤。

（2）加强入炉煤的掺配掺烧，优化燃烧调整，合理控制引风机风量、风压，将烟气流速控制适当。

（3）对于易磨损部位的受热面，还可考虑采用喷涂耐磨合金材料、管子搪瓷、涂防磨涂料或采用渗铝管等防磨措施，或者在受热面管子、弯头、联箱连接管的迎风侧加装护瓦。

案例三　烟气冲刷磨损导致省煤器爆管（二）

一、事件经过

某厂 7 号机组锅炉型号为 HG-1025/17.5-L.HM37，为 1025t/h 循环流化床

锅炉,该机组于 2007 年 11 月 14 日投产。2012 年 3 月 2 日 10 时左右,7 号机组锅炉省煤器 B1 仓泵下灰管堵塞,且该仓泵底部有部分积灰输不走,检修疏通 7 号锅炉省煤器下灰管时发现右侧灰斗底部滴水,进一步检查,发现 7 号锅炉 2 号吹灰器处有蒸汽泄漏声,确认省煤器泄漏,19 时 51 分机组停机。

二、检查与分析

停炉后检查发现,泄漏管为低温省煤器上起第二组及后起第 51、52 排最下一根管,材料为 20G,规格为 $\phi 48 \times 6$,爆口宏观形貌如图 1−29 所示。爆口尺寸为 17mm×8mm,爆口表面呈明显的高速烟气和灰粒的冲刷磨损形貌,爆口及周围被冲刷成一个光滑平面,爆口周围减薄明显,边缘比较锋利。

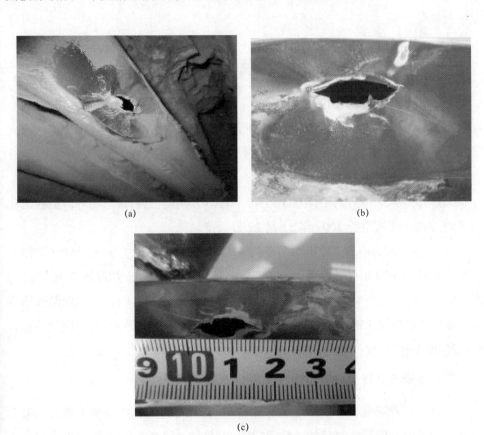

(a)

(b)

(c)

图 1−29 爆口宏观形貌

(a) 锅炉内原始形貌;(b) 爆口及周围形成光滑平面;(c) 爆口尺寸图

综合分析认为，由于机组长期高负荷下运行，燃用高灰煤，烟气中飞灰含量较高，烟气流量大，加剧了对尾部受热面的磨损，减薄后管子强度不足，发生泄漏。

三、整改措施

（1）更换泄漏管段及磨损减薄超标的管段，对新增焊口进行100%探伤。

（2）加强入炉煤的掺配掺烧，优化燃烧调整，合理控制引风机风量、风压，将烟气流速控制适当。

（3）对于易磨损部位的受热面，还可考虑采用喷涂耐磨合金材料、管子搪瓷、涂防磨涂料或采用渗铝管等防磨措施，或者在受热面管子、弯头、联箱连接管的迎风侧加装护瓦。

第八节　水冷壁泄漏故障典型案例

案例一　制造焊口裂纹导致水冷壁爆管

一、事件经过

某厂4号锅炉型号为DG1025/17.45−II17，为单汽包、自然循环、循环流化床燃烧方式。该机组于2009年11月22日投产。

2015年8月26日，4号机组负荷为310MW，主蒸汽压力为16.9MPa（炉侧），主蒸汽流量为916t/h，给水流量为970t/h，汽包水位为−59mm，炉膛压力为−29Pa；2时0分，炉膛压力突然增至340Pa，给水流量增加至1001t/h，左侧床温快速下降，负荷快速减至150MW，右侧后水冷壁下二次风管处有异常响声且有水流出。8月27日3时9分，机组解列。

二、检查与分析

停机后检查发现，水冷壁泄漏2处，第一泄漏点为后侧水冷壁下部右数第二个下二次风口左侧管，材料为SA−210C，规格为$\phi 57 \times 6.5$mm。爆口呈椭圆形，大致尺寸为横向15mm、纵向27mm，爆口边缘光滑，未见减薄痕迹及明显塑性变形，管子周围均未发现胀粗现象，说明管子没有过热迹象，也没有被冲刷磨损。

结合现场泄漏情况分析，爆口位置处于二次风口内侧，爆管原因为水冷壁管子浇铸抓钉焊接本身存在制造缺陷，在长时间高温高压的运行状态下造成缺陷位置强度不足，最后引起水冷壁泄漏。爆口周围形貌如图 1−30 所示。

图 1−30　爆口周围形貌
（a）爆口宏观形貌；（b）被冲爆管子的爆口；（c）水冷壁后侧右数第 2 个下二次风口

三、整改措施

（1）更换泄漏管段，并对更换的水冷壁管新焊口进行 100%无损检验。

（2）落实"逢停必查"，利用停机机会，进一步扩大检查，发现问题，及时处理。

（3）落实"锅炉四管"防磨防爆相关制度，利用大修停机对给煤口及下二次风口区域的水冷壁管子进行全面检查。

案例二 安装缺陷导致水冷壁爆管

一、事件经过

某厂 1 号锅炉型号为 SG – 1120/17.5 – M732，亚临界压力中间一次再热、四角切向燃烧、循环汽包炉，机组于 2009 年 12 月 23 日投产。2010 年 3 月 12 日 6 时 50 分，1 号机组负荷为 240MW，主蒸汽温度为 542℃，主蒸汽压力为 15.8MPa，DCS 画面显示主蒸汽流量与给水流量偏差较大，就地检查标高 30m 附近 4 号角处有异声，同时伴有蒸汽，判定为水冷壁泄漏，22 时 54 分机组解列。

二、检查与分析

停炉后检查发现，第一泄漏点位于 4 号角（30m 附近右侧墙）水冷壁，材料为 20G，规格为 ϕ45×6mm（内螺纹管），爆口位置存在明显割伤痕迹。泄漏水冷壁管对相邻管段有轻微吹损，扒开保温后的现场状况泄漏部位如图 1 – 31 所示。

图 1 – 31　扒开保温后的现场状况泄漏部位

分析认为，该处密封鳍片和管子焊缝处存在吊装水冷壁管屏的吊耳，在割除吊耳时，割炬使用不当，割伤水冷壁母管，如图 1 – 32（a）所示。焊接恢复处理未按 DL/T 869—2012《火力发电厂焊接技术规程》要求焊接，使管壁内存在严重未焊透缺陷，如图 1 – 32（b）所示，运行中缺陷不断扩展，最终导致水冷壁泄漏。

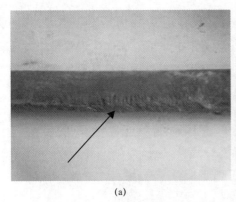 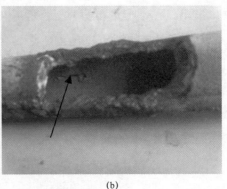

(a)   (b)

图 1-32 管子的缺陷宏观形貌

（a）割伤水冷壁母管后补焊位置；（b）割管后水冷壁管内严重未焊透缺陷

三、整改措施

（1）更换泄漏管段，对焊口进行 100%探伤。

（2）严把焊接质量关，加强焊接的全过程管理，注重焊接准备、焊接、热处理、焊后检验各个环节。

（3）加强金属监督，加强焊后验收，严禁出现割伤管子现象。

案例三　烟气冲刷磨损导致水冷壁爆管

一、事件经过

某厂 2 台 200MW 超高压燃煤机组，2 号锅炉型号为 UG-745/13.7-M，超高压一次中间再热循环流化床锅炉，该机组于 2010 年 11 月投产。

2012 年 3 月 7 日 19 时 30 分左右，机组负荷为 155MW，主蒸汽压力为 13.2MPa，炉膛正压，给水流量大于主蒸汽流量近 90t/h，左侧床温从 832℃降到 792℃，右侧床温从 924℃降到 883℃。初步分析认定水冷壁泄漏，21 时开始机组滑停，23 时 2 分 2 号机组解列。

二、检查与分析

停机后检查发现，第一泄漏点为炉左侧第一水冷壁下部，材料为 20G，规格为 $\phi 60×7mm$。

管子爆口的宏观形貌如图 1-33 所示，爆口长度约为 45mm，宽度约为 30mm。

爆口张开，呈喇叭状，爆口边缘锐利，减薄较多，呈撕裂状，破口周围均减薄明显，表面有明显的烟气冲刷过的痕迹，出现光滑的平面。破口附近管子未发现胀粗，说明之前未发生过热现象。管子的破口及周围也没有明显的腐蚀迹象。检查发现爆管上部分浇注料脱落，同时发现锅炉右侧第一过热屏部分浇注料脱落，有磨损现象，但尚未泄漏。综合分析认为，由于浇注料脱落，水冷壁管受烟气冲刷磨损，管壁减薄造成爆管。

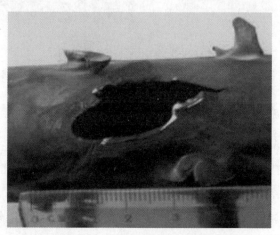

图 1-33 管子爆口的宏观形貌

三、整改措施

（1）更换泄漏管段及磨损减薄超标管段，对新增焊口焊后进行 100%探伤。

（2）利用停炉消缺机会对泄漏部位周围的其他管子进行全面检查，并详细记录检查情况，以备以后查用。

（3）检查有无浇注料脱落，如有应及时恢复，防止磨损再次发生。

案例四 吹灰器吹灰冲刷磨损导致水冷壁爆管

一、事件经过

某厂 5 号锅炉型号为 SG-420/13.7-M761，超高压、一次中间再热、自然循环汽包锅炉。该机组于 2003 年 12 月投产，截至本次停机，累计运行 62 200h，启停 46 次。2012 年 12 月 6 日 23 点 56 分，5 号炉发出爆破声，炉膛火焰燃烧不稳，随即锅炉 MFT。

二、检查与分析

停机后进入炉膛检查发现，泄漏点位于 3 号角水冷壁约 30m 喷燃器燃尽风喷口上部折角处，由左向右数第 3 根管子，材料为 SA－210C，规格为 ϕ60×6mm。管子爆口及周围的现场形貌见图 1－34。爆口长为 230mm，最宽处为 120mm，爆口边缘厚度为 2mm，漏点有明显的冲刷磨损痕迹，漏点及周围管壁减薄严重，属于明显的受冲刷减薄后爆破所致。第 2、4 根管子也均有不同程度的吹损，剩余厚度不足 4mm（原壁厚为 6mm）。对爆口附近的其他管子进行检查，未发现有吹损的管子，并对其他 3 个角相同位置的水冷壁管进行了检查，未发现有吹损。

图 1－34　管子爆口及周围的现场形貌

现场检查发现在距离爆口左上方 1100mm 处，水冷壁后墙安装有 12 号 IR525型短伸缩式炉膛吹灰器，该吹灰器有效吹扫半径为 1500～2000mm，吹灰器在吹灰时，吹灰孔中心高于水冷壁管表面 450mm，而发生吹损的第 2、3、4 根水冷壁管，处于折角位置，高于后墙水冷壁，在吹灰器吹扫范围内，由于该吹灰器卡涩未按时退出，持续吹扫水冷壁减薄，造成管子强度降低而发生爆管。

三、整改措施

（1）更换泄漏管段，焊后进行 100%探伤。

（2）对吹灰器 2m 范围内的水冷壁管进行检查及测厚，对减薄超标的进行更换。

（3）坚持做到"逢停必查"，利用大小修、停机备用机会，对吹灰器周围的管子和曾经发生过泄漏或异常的部位等进行重点细致检查，做好相应设备的台账，监督执行落实到位，消除存在的磨损隐患。

案例五 安装缺陷和冲刷磨损共同造成水冷壁爆管

一、事件经过

某厂 8 号炉型号为 HG－1025/17.5－YM36 型、直流式煤粉燃烧器四角布置、切圆燃烧、湿式排渣、Π 型自然循环汽包炉。该机组于 2006 年 12 月 18 日投产。2015 年 3 月 25 日 10 时，发现水冷壁泄漏。

二、检查与分析

停炉后检查发现，第一泄漏点为水冷壁前墙甲至乙数第 44 根，标高为 16.2m，材质为 SA－210C，规格为 ϕ63.5×7mm。泄漏口都有明显的冲刷磨损痕迹，形成光滑的冲刷平面，泄漏口周围减薄明显，如图 1－35 所示。

图 1－35　管子爆口及周围的现场形貌

分析认为，第 44 根管与第 45 根管之间鳍片没有进行焊接密封（600mm），只是在外侧点焊一根 600mm 钢筋，而该鳍片正处于 1 号 3 短吹的密封方箱内，方箱内耐火塑料灌得不严，导致该点漏风磨损，管壁减薄，造成泄漏。第 44 根水冷壁管泄漏后，漏出的汽水混合物将第 45 根吡漏，第 45 根又将第 43 根吡漏，大量的汽水混合物造成附近管子有不同程度的冲刷磨损。

三、整改措施

（1）更换泄漏管段，焊后进行 100%探伤。

（2）利用大小修的机会，全面检查水冷壁鳍片焊接质量，着重对炉内各短吹、长吹方箱内的鳍片焊缝及周围的管子进行认真检查，消除原始缺陷，并做好记录，防止类似事件发生。

（3）对各受热面管子进行防磨喷涂，尤其是在检查中发现飞灰磨损的管子重点进行喷涂，避免"锅炉四管"泄漏引起停炉。

第二章

汽轮机专业设备故障停运典型案例

第一节 汽轮机本体设备故障典型案例

案例一 汽轮机高压缸进水导致转子变形

一、事件经过

某厂 1 号机组汽轮机为 NZK200-13.2/535/535 型、亚临界、单轴、三缸两排汽、超高压、一次再热、直接空冷凝汽式。高压缸设计为双层缸，中压缸采用单层缸隔板套结构，低压缸采用双层缸结构、对称分流式布置。

2018 年 5 月 17 日 12 时 14 分，机组挂闸冲转，第一次冲转，由于 $2X$、$2Y$ 振动大，机组打闸停机。15 时 26 分，机组第二次冲转，欲通过 100r/min 低转速暖机消除上、下缸温差。由于 100r/min 低速暖机期间 $2X$ 振动大，手动打闸停机。

二、检查与分析

调取 DCS 历史趋势，发现前一次机组停运（5 月 13 日）闷缸期间未进行疏水。2018 年 5 月 17 日 12 时 14 分和 15 时 26 分各进行了一次冲转，都未能成功启机，检查发现汽轮机高压缸上下缸温差大。缸温变化如图 2-1 所示。

7 时 3 分，锅炉点火，汽轮机高压内缸外壁上下温差为 16℃，外缸内壁上下温差为 26℃；11 时左右，汽轮机高压外缸内壁、高压外缸外壁、高压内缸外壁上下最大温差分别达到 106、109、147℃。

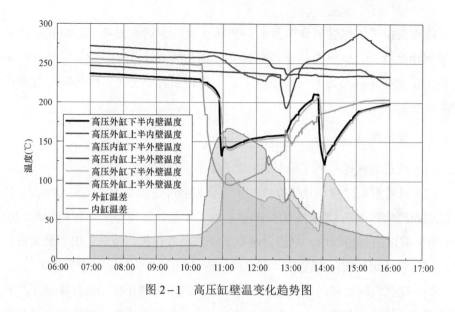

图 2-1　高压缸壁温变化趋势图

2018 年 5 月 17 日 12 时 14 分，机组挂闸冲转，转速升至 500r/min，2X 轴振为 48μm，2Y 轴振为 41μm（正常冲转，转速为 500r/min 时，2X/2Y 方向轴振为 18/35μm）。12 时 24 分，转速升至 1436r/min，2X 轴振升高至 220μm（振动保护值为 250μm），高、中、低压缸胀差分别为 0.68/0.26/1.26μm。手动打闸，未破坏真空状态下转子惰走时间约为 7.5min，惰走过程中 2X 轴振升高至 400μm（满量程），其余各点振动同步升高，其中 1X、1Y、2Y 轴振最高升至 400μm，其余各轴振均在 250μm 以下，盘车状态下偏心 100μm（满量程）。

15 时 26 分，高压内缸上、下外壁温差为 76℃，再次冲转至 100r/min 进行低转速暖机消除上下缸温差。转速升至 100r/min 时，2Y 轴振升至 220μm，立刻手动打闸停机，惰走时间约为 35min，随即进行闷缸盘车处理，间断疏水。自第二次打闸后，偏心值一直处于满量程，外架千分表实测晃度值在 580μm 保持不变（原始晃度值为 68.9μm）。揭缸后检查核实，转子最大弯曲量为 0.51mm，弯曲高点在调节级前 340mm 处，且调节级前汽封发生严重碰磨和倒伏。

分析认为，汽轮机主汽阀、调速汽阀严密性差，高压导汽管内存有蒸汽凝结水，过程中发生动静碰磨，汽轮机轴振增大。机组热态停机后为控制缸温下降速度，关闭了汽轮机本体及导汽管疏水阀门，未进行定期疏水，且锅炉点火起压后高压导汽管内疏水也不充分，积存的凝结水进入高压内缸，造成高压缸下缸温急剧下降，缸温差迅速增大，导致高压缸变形，在汽轮机冲转时，主蒸汽将导汽管残余疏水直接带入汽轮机调节级前，使转子及汽封局部骤冷，造成转子的弯曲和摩擦相互助长，碰磨的转子表面温度急剧升高，导致转子表面径向存在极大温差，在温差和离心力的共同作用下，使得转子弯曲更大，由热弯曲发展成转子永久变形。

三、整改措施

（1）变形的汽轮机转子返厂进行处理。

（2）机组启机时应重点监视汽缸主要金属温度变化及上下缸温差情况，使上下缸温差严格控制在《防止电力生产事故的二十五项重点要求》（国能安全〔2014〕161 号）要求的范围以内，缸温差超限禁止启动汽轮机。特殊工况下如需进行闷缸，应依据机组的实际工况及机组本身的特点制定详细的闷缸技术措施。

（3）优化汽轮机启动相关逻辑，将规程中汽轮机禁止启动条件添加至汽轮机启动逻辑；优化主蒸汽、再热蒸汽主管道疏水，提高双机停运期间疏水系统运行灵活性，防止蒸汽疏水倒流至汽缸内，达到本质安全。

案例二　汽轮机轴承箱变形导致轴振大停机

一、事件经过

某厂 6 号机组汽轮机为 N220 – 12.75/535/535 型、超高压、中间再热、三缸三排汽、凝汽式。1996 年 7 月投产，2001 年 3 月进行了通流部分改造，更换了全部隔板、动叶片、汽封圈等，汽轮机最大出力由 200MW 增加到 220MW。为改善滑销系统膨胀性能，在中轴承箱与高压缸、中压缸之间加装了推拉销。通流改造后，$2X$ 轴振一直偏大，为 200μm 左右。

2014 年 7 月 10 日 14 时 14 分，机组负荷为 177MW，$3X/3Y$ 轴振分别为 255/123μm。按照与相邻瓦"相与"的原则修改 2、3 号轴振保护逻辑，并进行改变机组负荷、调节门开度、主蒸汽参数、进油温度、凝汽器真空及启动顶轴油泵等试验，振动情况没有好转，且有逐渐增大趋势。7 月 11 日 13 时 54 分，汽轮机轴振突然上升至振动保护动作值，机组跳闸。

二、检查与分析

6 号机组在 2001 年通流改造时，在中轴承箱与高压缸、中压缸之间加装了推拉销。但由于汽缸膨胀或收缩时，猫爪和推拉销引导中轴承箱移动时不同步，引起中轴承箱台板受压变形。2013年5月机组大修期间，为了消除中轴承箱变形影响，拆除中轴承箱前后推拉销，并将1号轴承上抬0.15mm，1、2号轴承乌金接触角由60°改为50°。大修后，$1X$和$3X$轴振下降明显。2014年7月9日以后3号轴振由于动静碰磨开始缓慢增大，直至7月11日13时54分汽轮机因振动保护动作跳闸。

检查发现，6号机中轴承箱在热态下变形，造成轴系中心发生变化，2号轴承负荷偏轻，1、3号轴承负荷加重，轴系稳定性变差，轴承振动增大，并且随负荷变化（主蒸汽压力、调节门开度变化）持续增大，引起动静碰磨，进而造成振动加剧，导致汽轮机振动保护动作跳闸。

三、整改措施

（1）利用停机机会，将3号轴承下落0.15mm，开机后观察振动变化，为下一步调整提供依据。

（2）利用检修机会揭中压缸检查处理缸内碰磨问题，同时调整轴系中心，将1、2号轴承分别抬高0.15、0.20mm。拆出中轴承箱，研磨中轴承箱台板，彻底消除因中轴承箱变形存在的间隙。

案例三　汽轮机汽流激振导致轴振大停机

一、事件经过

某厂2号机组汽轮机为CJK375/306.9 – 24.2/0.4/566/566型、超临界、中间再热、抽凝式。2016年4月14日17时55分，2号机组AGC投入，负荷为342MW，$2Y$轴振在31～51μm之间波动。17时59分，$2Y$轴振突然增大至201μm；18时0分，$2Y$轴振持续增大至248μm，$2X$振动最大至220.3μm，机组跳闸，首出为"汽轮机振动大停机"。

二、检查与分析

在2号机组振动突升前各参数正常，且无其他操作，因此排除变工况因素引起振动。

对导致汽轮机振动突升的原因分析可从汽流激振和油膜失稳两个方向进行

分辨，由于此次振动的半频共振为 27Hz，根据机组振动与转速的对应关系不大和油膜振动引起的振动频率一般在 25Hz 以下，可排除"油膜失稳"引起的振动，油膜失稳的典型标志为汽轮机的振动随其转速的变化而缓慢下降。再结合 2016 年 4 月 7 日 1 号机组相同跳闸情况，两次机组振动保护动作均存在与负荷的对应关系，综合判断本次汽轮机振动是由于汽流激振引起的汽轮机振动突升。

三、整改措施

（1）鉴于自激振动的突发性，调整运行策略。机组运行过程中若轴振动短时增幅超过 50μm，运行人员可立即减负荷，以避免振动继续增大导致机组跳闸。

（2）机组由单阀改为顺序阀方式带负荷运行。原顺序阀开启顺序为 3、4 号→2 号→1 号，根据汽轮机转子受力方向，修改阀序为 3、4 号→1 号→2 号。通过改变阀序，改变汽轮机转子的受力方向，从而提高转子的稳定性。

（3）利用检修机会将 2 瓦标高抬升 50μm，以增加负载，有利于减小振动。复查 1、2 号瓦间隙及紧力，轴瓦顶部间隙可按照制造厂下限要求控制。

案例四 除氧器进汽调节门自动关闭导致机组停机

一、事件经过

某厂 5 号机组汽轮机为 N140–135/535/535 型凝汽式。2014 年 12 月 1 日 2 时 36 分，机组负荷为 101MW，除氧器压力为 0.53MPa，压力高报警，运行人员手动将除氧器进汽调节门开度由 100% 降至 74%，除氧器压力降至 0.528MPa。

6 时 18 分，发现时有"除氧器压力高"报警，遂手动将除氧器进汽调节门开度由 74% 降至 66%，投入除氧器压力自动；6 时 20 分，除氧器进汽调节门自动关闭，中压外下缸内壁温、内下缸外壁温逐渐下降，上下缸温差逐渐增大，高压胀差从 1.66mm 缓慢上升。6 时 27 分，中压内缸外壁上下温差为 35℃，报警；6 时 53 分，中压内缸内壁上下温差为 35℃，报警；6 时 55 分，中压外缸内壁上下温差高报警（50℃），$1X$、$1Y$ 轴振分别由 41.1、39.8μm 缓慢上升；7 时 29 分，$1X$、$1Y$ 轴振分别上升至 254μm（跳闸值）、186μm，汽轮机振动大保护动作，机组跳闸。

二、检查与分析

除氧器进汽调节门关闭后,三抽流量降低到零,管道内的蒸汽温度由460℃逐渐降低至311℃(三抽蒸汽压力为0.53MPa,对应的饱和温度为161℃),引起中压外下缸内壁温度逐渐降低(自476℃降低至跳机前的401℃),中压外缸内壁上下温差从5℃升高至跳机前的72℃,高压胀差从1.6mm增大到2.6mm,上下缸温差逐渐增大,造成高中压缸部分变形,导致缸内动静部分发生碰磨,1X轴振达到跳闸值。

运行人员投入除氧器压力自动后没有连续监视调整效果及除氧器进汽调节门开度的变化,未发现中压缸上下温差增大、1号轴承振动升高等重要参数异常变化,对中压缸上下温差、1号轴振发出的5次报警未引起重视,造成参数异常进一步扩大,导致机组跳闸。

三、整改措施

(1)完善除氧器压力自动控制逻辑,在投除氧器压力自动时,设定除氧器进汽调节门开度下限,防止阀门全关引起汽缸温度降低。

(2)加强运行规范化管理,加大运行管理监管力度,规范运行操作交接程序。

(3)补充完善运行规程,进一步明确除氧器压力高调整相关措施;在对除氧器压力偏高进行调整时应缓慢进行,并持续跟踪观察除氧器压力、胀差、轴承振动、中压缸壁温及上下缸温差等参数。

案例五 汽轮机叶片断裂导致机组停机

一、事件经过

某厂3号机组汽轮机为NZK1000-25/600/600型超超临界汽轮机。2012年10月2日2时40分,机组负荷为840MW,汽轮机5X/5Y轴振由40.5/14.6μm突升至347/209μm,6X/6Y轴振由45.1/18.4μm突升至323/156μm,其余轴承振动也有不同程度突升,详见表2-1。汽轮机轴承振动大跳闸,锅炉MFT,发电机解列,首出"振动大跳闸"(5X/5Y、6X/6Y)。汽轮机转速降至1989r/min时,因5X、6X振动大且无下降趋势,破坏真空。

表 2-1　　　　　　　　　　　　　　轴 承 轴 振 变 化 情 况

轴承	1X/1Y	2X/2Y	3X/3Y	4X/4Y	7X/7Y	8X/8Y	9X/9Y	10X/10Y
轴振（突升前）	36/32	50/63	63/36	89/71	48/17	22/49	44/55	34/23
轴振（突升后）	51/44	59/40	119/93	113/42	135/41	26/170	91/60	102/30

二、检查与分析

跳闸后汽轮机转速降至 1500r/min 以下时，各轴承振动降至报警值以下。3 时 29 分，汽轮机转速为零，投入盘车运行，盘车电流为 32.5A、正常，偏心值为 28.7μm、正常，汽轮机惰走时间为 49min（原不破坏真空时正常为 70min、破坏真空时正常为 60min）。就地检查 A 低压缸内有轻微摩擦声。

拆卸 A 低压缸西侧内缸人孔门，使用内窥镜对 A 低压缸正/反次末级叶片进行检查，发现 A 低压缸正向次末级叶片（即正向第 4 级叶片）有断裂损伤情况。断裂叶片如图 2-2 所示。

图 2-2　断裂叶片

金相分析结果显示 A 低压缸正向第 4 级叶片存在原始裂纹。运行中，A 低压缸第 4 级叶片突然断裂并部分脱落，造成转子质量不平衡，5、6 号轴振突升至跳机值，机组跳闸。

三、整改措施

（1）解体检查低压 A 缸，对汽轮机叶片、隔板等部件进行全面检查，对损伤严重的叶片和隔板进行更换，对可修复部件进行金属面修复。

（2）根据低压 A 缸解体检查情况，全面检查低压 B 缸，查看是否存在叶片、隔板等部件损伤情况，并根据实际情况进行更换和修复。

案例六 汽轮机主油泵磨损导致推力瓦烧损停机

一、事件经过

某厂 4 号机组汽轮机为单轴、双缸双排汽、超高压一次中间再热、凝汽式，型号为 N150－13.24/535/535。2016 年 9 月 20 日 13 时，进行汽轮机超速试验时，1 号轴承箱冒烟，回油温度在 62～78℃之间波动，波动时间为 8min；15 时 40 分，机组负荷减到零，打闸停机。

二、检查与分析

解体主油泵后，发现主油泵转子不在工作位置，向调速器侧窜出 13mm。主油泵推力瓦非工作面严重磨损，未见乌金，瓦胎磨损（乌金厚度为 3mm）。叶轮调速器侧盖板与泵壳发生碰磨，叶轮盖板严重磨损，出现豁口；主油泵挡油环损坏，详见图 2－3～图 2－5。

图 2－3 叶轮盖板与泵壳碰磨

事件发生后对主油箱内润滑油进行了采样化验，颗粒度指标超标，并安排滤油。检查轴承箱发现有金属颗粒，回油管路内的磁棒有大量金属碎屑。

该机组设计的主油泵推力瓦是工作面受力，推力盘紧靠工作面。通过主油泵解体检查发现，主油泵非工作面磨损严重。非工作瓦面设计宽度为 15mm（窄于工作瓦面宽度 25mm），承载能力较差，对叶轮的加工误差和泵的安装误差要求高，当转子产生向调速器侧的轴向推力，会造成非工作瓦面超载油膜形成不良而损坏。解体齿形联轴器，发现由于主油泵叶轮制造偏差比较大，加上运行时中心

61

的变化，导致转子向调速器侧窜动量增大，非工作面受力。

图 2-4　主油泵调速器侧叶轮盖板磨损

图 2-5　主油泵发电机侧轴瓦

分析认为，主油泵小轴与汽轮机主轴之间的齿形联轴器在高速旋转过程中发生卡涩，形成刚性连接，预留的 8mm 膨胀间隙无法起到缓冲作用，致使汽轮机转子膨胀的变化直接传导给主油泵小轴。汽轮机工况变化，齿形联轴器不能自如地随高中压转子膨胀收缩，造成本次主油泵推力瓦非工作面严重磨损，同时由于旋加给主油泵一组外力，致使叶轮向一侧偏斜，造成双吸收主油泵动平衡被打破，主油泵失衡后进一步加剧磨损，从而造成主油泵严重损毁。当联轴器侧挡油环与驱动端轴瓦剧烈碰磨后，出现火星和热量，导致一瓦位置油雾爆燃。

三、整改措施

（1）更换机组主油泵推力瓦和叶轮。

（2）在机组大修中，做好主油泵检修工作。

案例七 汽轮机轴承顶轴油管漏油导致机组停机

一、事件经过

某厂 5 号机组汽轮机为 NZK643－24.2/566/566 型超临界直接空冷凝汽式,发电机为 QFSN－660－2－22 型,密封油系统为单流环形式,2008 年 12 月投产。2017 年 10 月 28 日 0 时 10 分,机组启机过程中,7 号轴承顶轴油管路套装油管出口焊缝处油管漏油,从净油室向主油箱补油;0 时 59 分,汽轮机润滑油箱油位为 1414mm,启动交流润滑油泵,油位下降至 1379mm,机组开始降负荷;1 时 1 分,机组解列。

二、检查与分析

机组解列 1h 后,润滑油系统全停,油位缓慢上升至 1419mm,7 号轴承瓦温稳定在 43℃。之后,相隔 30min 启动一次润滑油泵及盘车,运行 3min 再停 30min,进行 7 号顶轴油管路漏油管段更换。期间润滑油箱油位最低为 1188mm,7 号轴承瓦温稳定在 41℃。(润滑油箱油位报警定值为 1200mm,跳机定值为 1150mm)

5 时 36 分,漏油管更换完毕,油位为 1191mm,投入润滑油、盘车系统,盘车电流正常;9 时 47 分,开始冲转,7 号轴承瓦温稳定在 74℃。

检查发现 7 瓦处顶轴油管道(轴承顶轴油管材质为 1Cr18Ni9Ti,属奥氏体不锈钢范畴,规格为 $\phi22\times2.5mm$)原安装焊缝焊接工艺存在问题,焊接线能量输入过大,造成焊缝熔合线区晶粒粗大、晶界氧化,形成微小裂纹,逐渐形成大的裂纹,为本次泄漏的直接原因。在机组运行中,由于管壁薄、压力高及发电机基础振动等原因造成顶轴油管在原安装焊缝熔合线位置处产生应力集中,是造成本次泄漏的间接原因。顶轴油套管出口漏油处见图 2－6。

三、整改措施

(1)对 7 号轴承顶轴油管进行补焊处理。

(2)对其余顶轴油管进行检查,并进行合理加固。

(3)在停机检修期间对机组高压顶轴油管原安装焊缝进行专项监督检查。

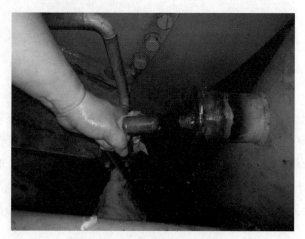

图 2-6 顶轴油套管出口漏油处

第二节 辅机设备故障典型案例

案例一 给水泵故障导致机组停机

一、事件经过

2014 年 7 月 20 日 1 时 49 分，某厂 4 号机组负荷为 111MW，主蒸汽流量为 378t/h，B 给水泵运行，A 给水泵投联锁、备用。B 给水泵润滑油压由 0.11MPa 下降至 0.09MPa，辅助油泵联启成功，B 给水泵润滑油压继续下降至 0.07MPa。强启 A 给水泵，A 给水泵启动后跳闸，机组 DCS 发 "6kV IVA、IVB 段母线接地报警"信号。此时 B 给水泵也已因润滑油压低跳闸（定值为 0.05MPa），A、B 给水泵均无法启动，手动打闸停机。

二、检查与分析

机组跳闸后，就地检查发现 A 给水泵差动保护、电流速断保护动作，停电后测量电动机三相对地绝缘电阻到零。解体 A 给水泵电动机，发现电动机风扇叶片存在原始焊接缺陷，经长期运行，由于风扇叶片振动产生的交变应力及电动机启动时的剪切力，导致裂纹缺陷沿风扇叶片侧焊缝边缘熔合线方向逐步发展，叶片断裂和脱落。A 给水泵电动机启动过程中，电动机转子在离心力作用下碰撞负荷侧定子端部线圈，导致端部线圈绝缘损坏，造成 A 相接地并迅速发展为相间短路，故障电流超过差动速断保护及电流速断保护定值，保护装置动作出口跳闸，同时瞬时短路造成非负荷侧端部线圈连接引线烧损。

解体 B 给水泵主油泵，由于两个轴承座高度不同，传动轴装在轴承座上，传动轴上的伞形齿（主动）与主油泵主轴上的伞形齿（从动）不垂直，两齿轮的轮齿接触面积变小，齿轮啮合差，造成推力过大，使传动轴推力间隙调整螺帽运行中受力过大，螺帽脱丝，传动轴定位失效，发生轴向位移，伞形齿转动时接触面过小，局部受力过大，出现"打齿"情况，造成从动伞形齿轮损坏。齿轮移位后间隙变大，造成泄油使主油泵出力不足，润滑油压降低。辅助油泵联启成功后因主油泵齿轮泄油，润滑油压继续下降至跳闸值。

三、整改措施

（1）更换 A 给水泵风扇叶片，修复端部线圈。

（2）更换 B 给水泵耦合器损坏部件，严格按工艺复装、调试。

（3）研究对现有供油系统进行改造完善的方案，确保供油可靠性。

案例二　低压加热器泄漏导致机组停机

一、事件经过

某厂 22 号机组为进口抽汽式 200MW 汽轮机。2016 年 10 月 25 日 12 时 9 分，1 号低压加热器水位突增至 952mm（高一值 950mm），紧急降负荷，开启 1 号低压加热器水侧旁路电动门；12 时 0 分，DCS 显示 1 号低压加热器水位快速涨至 1252mm（高三值 1250mm），立即关闭 1 号低压加热器水侧出、入口电动门；12 时 16 分，DCS 显示 1 号低压加热器水位波动至 1259mm，就地水位计显示满水，1 号低压加热器高三值三取二保护动作（低压加热器未解列），机组跳闸，锅炉 MFT。

二、检查与分析

停机后，对 22 号机 1 号低压加热器进行解体检查，进汽侧管束最外一排左侧第 2、4 根，右侧第 1、3 根共 4 根泄漏，其中左侧第 2、4 根，右侧第 3 根下部完全断裂。进一步检查发现 1 号低压加热器外径为 1260mm，进汽管直径为 700mm，进汽防冲击板设计尺寸为 740mm×850mm×20mm，尺寸偏小。低压加热器芯子最外侧一排两侧各 4 根（共 8 根）管子未受到防冲击板的保护，运行期间进汽汽流直接冲刷并产生振动，导致 1 号低压加热器芯子最外侧一排两侧各 2 根（共 4 根）管子严重泄漏，1 号低压加热器液位迅速升高，达到保护动作值。

三、整改措施

（1）对泄漏管束及邻近进汽侧管束最外一排外径侧共计 10 根管束进行堵漏补焊，经打压试验合格。

（2）高压加热器解体时，更换进汽防冲击板，增大冲击板面积。

案例三　辅机循环水系统故障导致机组停机

一、事件经过

某厂两台机组共用一套辅机循环水系统，辅机循环水泵向公用空气压缩机、汽轮机和给水泵汽轮机润滑油冷油器、发电机空冷器等重要设备提供冷却水，见图2-7。2016 年 8 月 25 日 7 时 30 分，1 号机负荷为 175MW，2 号机负荷为 200MW，辅机循环水泵 A、C 运行，B 泵备用，A、C、D、E、F 空气压缩机运行，B 空气压缩机备用。1、2 号机辅机循环水压力为 0.41MPa。7 时 34 分，2 号机辅机循环水母管压力缓慢下降；7 时 41 分，B 辅机循环水泵联动，就地检查发现辅机泵房有大量积水，且 B 辅机循环水泵出口液动蝶阀前大量冒水；7 时 45 分，A、B、C 辅机循环水泵跳闸，随后 A、C、D、E、F 空气压缩机跳闸，机组压缩空气失去；8 时 0 分，2 号机解列；8 时 10 分，1 号机组解列。

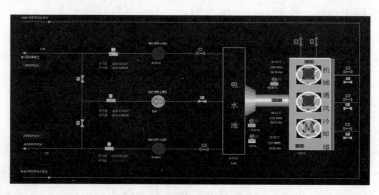

图 2-7　辅机循环水系统

二、检查与分析

辅机循环水泵出口膨胀节为单层法兰夹持式可挠曲性橡胶膨胀节（又称"橡胶接头"），该橡胶接头安装工艺要求较高，如出现紧固不到位或紧固不均匀，易在辅机循环水泵启动过程中或运行中造成橡胶接头脱开。

查看辅机循环水泵房监控视频，7时41分，辅机循环水泵A、C运行，B辅机循环水泵联动，在B辅机循环水泵联动过程中橡胶接头脱开，大量跑水，泵坑迅速积水，水位快速上升；7分45分，泵坑水位升至辅机循环水泵泵壳水平中分面处，3台辅机循环水泵跳闸。

三、整改措施

（1）对生活水泵房、循环水泵房、浆液循环泵房举一反三排查，检查是否采用易造成大量跑水（浆）类似橡胶接头的连接部件。如采用，更换为金属膨胀节。

（2）在橡胶接头更换之前，制定橡胶接头夹持法兰螺栓定期检查及紧固技术措施，并严格执行。

（3）各类泵房加装大流量的排污潜水泵。

● 案例四 凝结水泵出口滤网堵塞导致机组停机

一、事件经过

2012年11月6日14时50分，某厂1号机组负荷为758MW，凝汽器真空为 -98.36 kPa，A、B凝结水泵运行；15时41分，因凝结水流量低，开启C凝结水泵，凝结水流量瞬间增至2507t/h，然后快速下降至1876t/h。因凝结水流量异常，11月7日15时30分，1号机组滑停。

二、检查与分析

检查发现基建安装过程中，低压外缸内壁、低压外缸加强筋、低压内缸外壁等部位防腐油漆层未清理干净，机组运行后油漆皮在蒸汽冲刷下逐渐脱落，进入凝汽器，由凝结水带至出口滤网（设备自带滤网，孔约 $7mm^2$），堵塞滤网近3/4面积，造成凝结水泵入口节流，流量不足，机组停机。

三、整改措施

（1）清理堵塞的滤网，排查 2 号机组。

（2）安装或改造设备（部件）前，应严格按照工艺标准将汽水侧防腐油漆层清理干净。

案例五　凝结水泵出力不足导致机组跳闸

一、事件经过

2016 年 6 月 9 日 23 时 44 分，1 号机组负荷为 500MW，除氧器正常压力为 0.78MPa。1 号机 A 凝结水泵变频方式运行，B 凝结水泵工频备用，除氧器水位为 295mm（正常水位为 300mm）。为调整除氧器水位，将凝结水泵变频器频率指令由 38Hz 降为 28.2Hz，A 凝结水泵运行频率由 38Hz 降至 29.5Hz，水泵失稳，流量急骤下降，凝结水泵已不能打水至除氧器。A 凝结水泵电流由 119A 下降至 57A，凝结水流量由 1100t/h 降至 420t/h 以下，且再循环门未开启到 5%开度，触发 A 凝结水泵跳闸。由于再循环门卡涩未开到 95%开度，B 凝结水泵未联启成功。23 时 47 分，除氧器水位降至 −360mm；23 时 49 分，1 号炉给水流量低低发出，锅炉 MFT。

二、检查与分析

分析认为，由于变频器输出特性和凝结水泵特性设计不合理，配合特性差，且运行人员调整除氧器水位时操作变频器幅度过大，事故发生时，变频器输入指令变化达 10Hz，频率降至 29.5Hz 时失稳，凝结水流量急骤下降至 420t/h。同时，再循环门出现卡涩现象，不能及时开启到 5%，A 凝结水泵跳闸；B 凝结水泵由于再循环门卡涩，未开到 95%，无法启动，最终致使给水流量低低，MFT 动作。

三、整改措施

（1）依据凝结水泵运行特性，重新设置凝结水泵最低运行频率。

（2）对再循环门进行解体处理，解决卡涩问题。

第三节 管阀故障典型案例

案例一 给水泵汽轮机高压调节门伺服阀螺栓断裂漏油导致停机

一、事件经过

2017 年 3 月 20 日 10 时 20 分，某厂 1 号机组负荷为 1000MW，汽轮机高压抗燃油（EH）系统 B 油泵运行，出口母管压力为 16.6MPa，电流由 20.5A 开始上升；10 时 25 分，B 油泵出口压力最低降至 11.5MPa，出口母管压力最低降至 11.3MPa，联启 A 油泵，母管压力恢复至 15.4MPa；10 时 26 分，B 油泵过流保护动作跳闸；10 时 28 分，A 油泵出口压力降至 10.5MPa，EH 油压低导致汽轮机跳闸，联跳锅炉。

二、检查与分析

给水泵与汽轮机共用 EH 油系统，现场检查 B 给水泵高压调节门处发生泄漏，对 B 给水泵汽轮机高压调节门油动机伺服阀上螺栓进行检查，发现 3 根螺栓断裂。

螺栓原设计为 M8×45、Q235、8.8 级，因伺服阀与油动机进油口位置不对应，加装转接块由 4 只加长螺栓固定在油动机阀座上，螺栓为 M8×80、Q235、8.8 级。对断裂螺栓进行宏观检查、微观金相组织检验、硬度检验、扫描电镜等综合检测，螺栓本身存在机械加工类缺陷，加上扭转疲劳和轴向弯应力等因素，最终导致螺栓断裂，EH 油大量泄漏，油压下降，机组停机。

三、整改措施

（1）对 B 给水泵汽轮机高压调节门油动机伺服阀、O 形圈及固定螺栓进行更换。

（2）对 A 给水泵汽轮机高压调节门伺服阀固定螺栓进行更换。

（3）对其他汽轮机、给水泵汽轮机调节门油动机伺服阀螺栓进行检查。

案例二 给水泵再循环调节阀故障导致机组停机

一、事件经过

2017 年 9 月 11 日 8 时 35 分，某厂 6 号机组负荷为 216MW，A、B 给水

泵运行；8 时 42 分，处理 A 给水泵再循环调节阀摆动缺陷后试运，指令由 0%升至 10%，阀位反馈正常，但 A 给水泵入口流量无明显变化；8 时 47 分，阀位升至 20%，阀位反馈正常，A 给水泵入口流量从 310t/h 下降至 83t/h，再降至 0t/h，触发给水最小流量保护，A 给水泵再循环调节阀快开至 100%；8 时 48 分，锅炉给水流量由 576t/h 降低至 158t/h，解除给水自动，手动增加 A、B 给水泵汽轮机转速，A、B 给水泵流量分别增加至 464、482t/h，锅炉给水流量从 192t/h 增加至 263t/h。锅炉给水流量低保护动作，汽轮机跳闸，发电机解列。

二、检查与分析

该阀门在机组投产时采用汽动执行器驱动，2017 年 8 月完成的机组大修中对阀门进行解体检修，采用测绘加工方式更换了部分损坏件，各部件配合性差，给水泵再循环调节阀及执行器存在空行程问题。

事故发生时，A 给水泵再循环调节阀在 19%开度前是空行程，阀门阀芯实际未开启，阀门在 20%开度指令时阀芯突开至 20%，锅炉给水流量降低，进而两台给水泵入口流量降低，使给水泵入口流量低保护触发，两台泵再循环门相继超开（一个为 100%，另一个为 50%），导致给水流量进一步下降，虽然手动提升了汽动给水泵转速，但给水流量仍低于保护动作值，最终导致锅炉给水流量低低保护动作，锅炉 MFT。

三、整改措施

（1）解体再循环调节门，采取重新定位气动执行器定位器等措施消除阀门空行程及定位器失稳隐患。

（2）加强设备检修管理，严格检修工艺，规范设备修后调试验收管理，确保设备修后质量。

案例三 平衡阀信号取样管泄漏导致机组停机

一、事件经过

2017 年 3 月 21 日 15 时 34 分，某厂 2 号机组负荷为 231MW，2 号机组进行空氢侧直流密封油泵启停试验，启动空侧直流密封油泵，密封油泵电流为 37.75A，启动前油压为 0.41MPa，启动后油压为 0.49MPa，空、氢侧密封油差压为 0.08MPa，停空侧直流密封油泵，压差阀摆动剧烈（摆动值为 0.07～0.10MPa），同时空侧直流密封油泵出口压力摆动，手动打闸停机处理。

二、检查与分析

检查发现发电机空侧密封油信号取样管（靠近发电机根部）法兰漏油，紧固法兰无效。停机后现场拆卸法兰螺栓，发现螺栓较为松动。分析认为在检修时，对密封油信号取样管法兰螺栓紧固不到位，另机组长时间运行加剧螺栓松动，造成泄漏。

三、整改措施

（1）更换新的垫片，验收合格后重新启动机组。

（2）对油系统各法兰进行检查紧固，并加强检修质量的验收。

案例四　高压调节门伺服阀 O 形圈损坏导致机组停机

一、事件经过

2014 年 4 月 25 日 10 时 30 分，某厂 4 号机组负荷为 255MW，巡检发现高压调节门（GV3）伺服阀结合面漏油，将汽轮机进气控制方式由顺序阀切为单阀控制，并将 GV3 进油手动阀关闭。但 GV3 伺服阀漏油未减小，为防止漏油量增大，机组于 10 时 43 分打闸停运。

二、检查与分析

本次停机后拆卸伺服阀发现，GV3 伺服阀 O 形圈断裂，断裂处存在塑性变形。分析认为大修中伺服阀复装工艺存在问题，导致 GV3 伺服阀 O 形圈处受力不均，在有压回油与高压进油油压共同作用下，O 形圈薄弱位置破裂，造成 EH 油泄漏。同时回油止回阀因密封面处存有异物关闭不严，无法隔离，导致机组停机。

三、整改措施

（1）更换 GV3 伺服阀及 O 形圈，同时对回油止回阀进行清洗。

（2）结合机组调停或检修机会，对所有伺服阀及进油手动阀、有压回油止回阀进行检查。

（3）加强机组检修及运行期间油质化验及滤油工作，确保油系统清洁。

第四节　油系统故障典型案例

案例一　EH油系统管道开裂导致机组停机

一、事件经过

某厂1号机组于2000年9月投产，汽轮机高压调节门EH油进油管规格均为$\phi14\times2mm$、材质为1Cr18Ni9Ti的不锈钢管，进油管与油动机入口活接采用插入式焊接方式连接。2014年10月5日13时7分，机组负荷为245MW，汽轮机EH油系统A泵运行，EH油压为14MPa。汽轮机3号高压调节门处冒油烟，高压调节门后部管路漏油严重。紧急关闭3号高压调节门油动机进油阀，漏油量未减小，就地检查EH油箱油位快速下降至100mm（正常运行为550mm）。由于系统无法隔离，14时3分，手动打闸停机。

二、检查与分析

机组停运后，对3号高压调节门EH油进油管、无压回油管、危急遮断泄油管等分别进行了着色渗透检查，发现3号高压调节门EH油进油管入口活接焊缝与母材熔合线处存在周向裂纹，裂纹长度超过半圈。

分析认为：1号机组高压调节门EH油进油管布置不合理，活接前无过渡管段，焊接处位于弯管起弯点，该处存在较大的弯曲应力和焊接内应力，汽轮机单阀运行时，高压调节门EH油进油管存在振动现象，在振动力作用下，诱发焊缝最薄弱的熔合线处缺陷扩大，突然开裂。

三、整改措施

（1）更换该侧1、3、5号高压调节门EH油进油母管后支管。

（2）改进管道布置方式（过渡短节长度增加80mm），严格弯管、焊接工艺，对焊口进行着色和拍片探伤，同时对其他同类焊口进行扩大检查。

案例二　EH 油试验模块内漏导致机组停机

一、事件经过

2016 年 1 月 24 日 17 时 43 分，某厂 2 号机组负荷为 567MW，主蒸汽压力为 14.8MPa，主蒸汽温度为 532℃，调节门开度为 45%左右；EH 油系统 A 油泵运行，电流为 19.6A，EH 油母管压力为 13.4MPa；一次调频动作后，4 个高压调节门开度从 50%开至 65%，EH 油母管压力快速下降至 12MPa，A 油泵电流快速升高至 37A。17 时 44 分，机组跳闸，首出原因"EH 油压低低"。

二、检查与分析

调阅 DCS 历史曲线，机组跳闸前高、中压主汽门和中调节汽门均在全开状态，阀门开度无波动。检查安装在机头处的 EH 油压低低试验模块上的两块压力表显示，均比母管压力低 3MPa，拆除 4 个压力开关过程中发现有 2 个压力开关活接头内壁存有少量杂物，拆除试验模块的两个节流孔板，未发现堵塞物。

EH 油压低低试验模块有两个手动旁路试验针型阀和两个试验电磁阀。关闭试验模块入口针型阀后，两块压力表显示的压力值下降明显；将试验模块出口管道封堵，再关闭试验模块入口针型阀后，两块压力表显示的压力不变，判断 EH 油压低低，试验模块内漏。

分析认为，EH 油压低低试验模块试验电磁阀阀芯为平面圆盘式，阀芯与阀座为面接触，当电磁阀失电时，依靠阀芯背部的弹簧力关闭，密封面存在其他异物，造成无法关闭严密，EH 油压低低试验模块内漏。一次调频指令频繁动作，调节门油动机快速开、关，造成泄油量增加，EH 油母管压力降低。本次油压下降幅度达 1.4MPa（正常运行最大波动约 0.5MPa），当 EH 油母管压力下降至 12MPa 时，试验模块油压下降至跳闸值，EH 油压低低保护动作，汽轮机跳闸。

三、整改措施

（1）更换内漏的 EH 油压低低试验模块。

（2）对 EH 油系统末端的管路进行清理，清除残留的油泥、污垢等杂质，并对整个 EH 油系统进行循环冲洗过滤，直至油质合格。

第三章

电气专业一次设备故障停运典型案例

案例一　发电机定子线棒绝缘破坏导致定子接地

一、事件经过

2018 年 1 月 4 日 14 时 54 分，某厂 1 号机组负荷为 569MW，主蒸汽压力为 24.2MPa，给水流量为 1820t/h，主蒸汽流量为 1925t/h，主蒸汽温度为 565℃，再热器温度为 566℃；15 时 2 分，发电机出口断路器跳闸，首出为"发电机定子接地"。

二、检查与分析

检查发电机–变压器组保护发现，发电机定子接地，零序电压动作值为 11.99V，动作时间为 500ms（定值为 7.5V，延时 0.5s）。查看故障录波波形，发现跳机时 C 相电压明显降低，最低为 26.47V，A 相电压（77.75V）和 B 相电压（87.5V）明显升高。测试发电机定子绕组 A、B 相对地绝缘电阻值均超过 5GΩ，但 C 相对地绝缘电阻值为 0MΩ。解体发电机后发现 13 槽 A 相线棒端口靠铁芯侧有红色粉末，进一步取出层间半导体板后，发现下层 C 相线棒上表面存在制造压痕，并且存在玻璃丝带破损点。

分析认为，C 相线棒上表面存在制造压痕缺陷导致 C 相线棒绝缘损伤，C 相对铁芯放电，最终发展为 C 相接地。

三、整改措施

（1）更换 13 槽上、下层线棒。

（2）退出所有槽楔，对所有垫板重新进行调整。

案例二 发电机定子端部异物掉落导致绕组接地及相间短路

一、事件经过

2018年7月15日17时56分，某厂2号机组有功功率为254MW，2号发电机定子电流为7548A，电压为19.9kV；定子冷却水流量为32.3t/h，压力为0.2MPa，入口水温为41.4℃，出口水温为53.4℃，氢温为39℃，氢压为0.27MPa，机组各项运行参数均正常。17时56分38秒，发电机跳闸，首出为"发电机差动保护动作"。

二、检查与分析

就地检查发电机-变压器组保护A、B柜"发电机差动""发电机差动速断"保护动作无异常。拆除发电机汽侧上部端盖后，发现一根绝缘水管及其绝缘盒损坏并脱落，定子线棒渐开线部位有一处烧损。汽侧定子线圈端部、转子本体可见部位表面均有碳化物附着。汽侧导风环拆卸过程中发现南侧缺少一组定位螺栓。

抽转子后，发现发电机汽侧损坏7个线棒，分别为20、21、26槽上层线棒，4、8、9、10槽下层线棒。经确认，20、21槽上层线棒为C相线棒，26槽上层及4、8槽下层线棒为B相线棒，9、10槽下层线棒为A相线棒。同时发现汽端的8点钟时针位置，26槽鼻端绝缘盒烧断脱落，明显可见26槽上层线棒鼻端与4槽下层线棒鼻端裸露漏铜，且有烧熔现象。汽侧全部被炭黑污染，转子上有明显的金属划痕。定子膛内发现4风区处有一颗M16的变形螺母，在4风区和5风区各发现一块形状不规则的金属物件。

分析认为，定子膛内发现的挡风环定位螺栓其原始位置位于20、21槽上层线棒上部，螺栓掉落引发多处磨损，造成C相对地放电接地，C相接地后，A、B相相电压升高，导致20、21槽上层线棒与下部的线棒（8、9、10槽的下层线棒）绝缘击穿，形成相间短路并接地。

三、整改措施

（1）更换受损的发电机线棒，重新加工导风环，修复发电机。

（2）加强检修质量监督，严格落实规程及反措要求，杜绝检修时异物遗留。

案例三　发电机线棒引出线手包绝缘击穿导致定子接地

一、事件经过

2017 年 7 月 3 日 15 时 0 分，某厂 10 号机组发电机有功功率为 350MW，无功功率为 55.1Mvar，机端电压为 20.4kV；15 时 6 分，10 号机组负荷由 350MW 突降至 0MW，机组跳闸，首出原因为"发电机定子接地"。

二、检查与分析

机组停机后断开封闭母线，进行发电机定子绝缘试验，发现发电机 B 相对地绝缘击穿。检查发现 B 相引出线套管有放电痕迹，对 B 相进行直流耐压试验，电压加至 18kV 时出现放电现象。剥开 B 相引出线套管手包绝缘，发现手包绝缘内部有潮湿迹象，进一步检查发现绝缘引水管接头锁母有锈蚀现象，引出线套管底部有放电痕迹。在拆除过程中发现引水管接头锁母松动，导致接头渗水。对 B 引相出线单独进行水压、交流耐压试验，均不合格。

分析认为，10 号发电机 B 相引出线绝缘引水管接头锁母在安装中存在工艺缺陷，导致引水管水接头微渗，长期发展致使出线套管手包绝缘部位绝缘降低，造成运行中发电机 B 相引出线处对地放电击穿。

三、整改措施

（1）现场重新制作手包绝缘，对所有手包绝缘部位进行直流电压测量合格。

（2）大修期间增加对发电机引出线手包绝缘的绝缘监督工作，尤其进行手包绝缘施加直流电压测量工作时应扩大测试范围。

案例四　发电机转子两点接地保护动作导致机组停机

一、事件经过

2016 年 3 月 2 日 4 时 31 分，某厂 5 号机组发电机"转子一点接地"保护报警；4 时 35 分，发电机报"转子两点接地"保护动作，机组跳闸。

二、检查与分析

检查发现 9m 运转层北墙检修工具柜后面暖气管弯头泄漏，漏水沿墙缝隙渗入 4.5m 层发电机灭磁开关小室，由屋顶滴落到励磁整流柜母排上，造成转子一点接地。

分析认为，暖气管弯头漏水到励磁整流柜母排上，先造成转子一点接地，4min 后保护装置检测位置移动超过 5%，转子两点接地，致使发电机跳闸。

三、整改措施

（1）消除暖通漏点，清理泄漏积水。清扫励磁机室发电机转子励磁整流柜上方母线、绝缘支柱瓷瓶水渍，测量转子励磁回路绝缘正常。

（2）对厂房屋顶及各高压配电室、低压配电室、电子间等房屋顶部防渗漏设施性能进行普查，完善防水、封堵、引流或遮挡等措施。对发电机灭磁开关小室等类似排线部位进行普查，采取加装绝缘防护板等措施，防止同类事件再次发生。

第二节　变压器故障典型案例

案例一 高压厂用变压器绕组匝间短路导致机组停机

一、事件经过

2016 年 2 月 18 日 2 时 2 分，某厂 1 号发电机－变压器组 220kV 侧 3401 断路器、110kV 侧 3431 断路器，1 号高压厂用变压器低压侧 11、12、21、22 断路器跳闸，机组跳闸。

二、检查与分析

检查发现 1 号高压厂用变压器差动保护动作，轻、重瓦斯保护动作。现场检查发现 1 号高压厂用变压器三相低压绕组线圈有不同程度变形，变形部位主要在线圈股间导线集中换位处；低压 B 相线圈首端第 7～13 线饼股间烧损面积约为 10cm×10cm，熔铜及炭粉散落在 B、C 相高压线圈及铁芯处，在绝缘筒底部形成积炭。高压 B 相内绝缘筒对应低压 B 相线圈烧损部位被烧伤，B 相对内绝缘筒绝缘电阻为零，绝缘筒内、外壁附着大量积炭，B、C 相高压线圈线饼间有大量熔铜粉末，见图 3–1。1 号高压备用变压器 B、C 相绕组上连接片断裂，B、C 相低压侧 B 分支绕组上部变形，匝间短路，对铁芯放电，形成相间短路。

图 3-1　高压厂用变压器低压线圈变形

分析认为，1 号高压厂用变压器自 2001 年投运以来未进行过吊罩检查，期间厂用 6kV 系统曾发生多次短路故障，均对高压厂用变压器低压线圈产生冲击，造成线圈紧固件松动，绕组局部变形，绝缘强度下降。经多年运行，匝间绝缘击穿，发生短路故障。

三、整改措施

（1）对损坏的高压厂用变压器返厂进行检修处理。

（2）按照"二十五项反措"要求，变压器遭受近区突发短路电流冲击后及时进行绕组变形试验，发现异常应分析原因并采取相应措施，必要时开展变压器吊罩检查工作。

案例二　变压器高压侧套管电容芯子制造质量缺陷导致套管爆裂

一、事件经过

2018 年 8 月 3 日 5 时 26 分，某厂 8 号机组负荷为 854MW，主变压器 B 相油温为 49℃，绕组温度为 77℃。"主变压器差动保护"信号发出，发电机解列灭磁，汽轮机跳闸，锅炉 MFT，厂用电切换成功。检查 8 号主变压器 B 相高压侧套管爆裂损坏、着火，主变压器区域自动喷淋装置启动喷淋。组织人员进行灭火，6 时 16 分，火情消除。

二、检查与分析

现场检查发现变压器周边 30m 范围内有多处瓷片散落，在升高座法兰上部约 30cm 处，中心铝管断裂，内部铜引线裸露，见图 3-2。变压器油箱完整，有明显过火痕迹。变压器低压侧升高座铝质外壳过热熔化出现 30cm×15cm 孔洞。

图 3-2　高压套管爆裂处

将主变压器高压套管拆出，通过变压器人孔门及套管法兰口，检查变压器内部高、低压线圈完好，铁芯完好，线圈及铁芯围屏无过热、变色，未见散落、移位现象，变压器底部残油目测清澈，低压侧底部有散落的零星瓷套管碎片。

将电容芯子抽出，经检查发现，距套管底端 217cm 处，电容芯子有明显的故障放电击穿点，见图 3-3。对应的电流互感器（TA）筒内壁有放电痕迹。在放

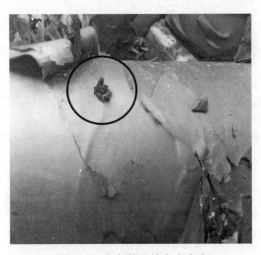

图 3-3　电容芯子放电击穿点

电击穿点沿径向对电容芯子进行解剖，放电击穿的最深处（约电容芯 1/3 深处）多层绝缘子有放电击穿发展痕迹。内部多层多处铝箔出现两道尖角毛刺状的断裂性划痕，内部铝箔有一处焊斑及褶皱现象。电容芯子底部的绝缘子阶梯形状整齐，无脱出现象，中心铝管插入均压球部分有因应力导致断裂的痕迹。

分析认为，在运行电压长期作用下，套管存在绝缘缺陷的部位局部放电，套管电容屏由内向外逐层被击穿，沿中心铝管、电容芯子、法兰内壁形成初期放电通道，进而发展成中心铝管到法兰的接地故障，接地电弧使套管本体绝缘油受热急剧膨胀，导致上瓷套发生粉碎性爆裂。故障录波器记录的接地故障电流为 43.6kA，接地故障电流在中心铝管距法兰 30cm 处形成爆口，变压器油从中心铝管中涌出并不断燃烧熔化中心铝管。因中心铝管断裂且烧损严重、电容芯子烧损较多等因素，无法确定主绝缘击穿的精确位置和确切原因。通过对故障高压套管进行现场解体检查发现，电容芯子内部多层多处铝箔出现两道尖角毛刺状的断裂性划痕（用手触摸有明显的突起和尖锐感）。电容屏铝箔有尖角、毛刺会造成电场分布畸变，在运行电压长期作用下导致局部放电，逐步发展为层间绝缘击穿，形成贯穿性孔洞，造成套管主绝缘失效放电。

三、整改措施

（1）故障变压器返厂检修，进行线圈清理、烘干、试验，对各项工作进行严格质量控制。

（2）对同厂家、同型号、同批次的高压套管进行绝缘电阻、介质损耗、交流耐压试验、局部放电测量、套管绝缘油色谱分析等试验，诊断设备是否存在隐患，必要时进行更换。

（3）增加有效的在线监测、监督手段，掌握套管设备的劣化趋势。

案例三　主变压器高压侧套管末级屏式过热器放电导致停机

一、事件经过

2017 年 10 月 22 日 13 时 40 分，某厂 1 号机组有功功率为 170MW，无功功率为 115Mvar，发现 1 号主变压器 B 相高压侧套管末级屏式过热器放电，为防止主设备损坏，运行人员快速降负荷，切换厂用电，打闸停机。

二、检查与分析

变压器停电后，对主变压器套管进行检查，发现 1 号主变压器高压侧 B 相套管末级屏式过热器接地处有放电痕迹，且接地线被烧断，1 号主变压器高压侧 B 相套管末级屏式过热器接地处放电情况见图 3-4。

图 3-4　1 号主变压器高压侧 B 相套管末级屏式过热器接地处放电情况

分析认为，1 号主变压器 B 相高压套管末级屏式过热器接地线采用多股铜丝直接压接，未使用接线鼻子，压接造成接地软连接线机械损伤，接地线长期暴露在空气中运行，受电腐蚀及氧化积累，共同造成接地线断股，导致电阻增大，进而使接地线烧断。由于失去接地点，末级屏式过热器对地形成电容，在末级屏式过热器与地之间产生较高的悬浮电位，从而引起放电现象。

三、整改措施

（1）拆除 1 号主变压器 B 相高压套管末级屏式过热器接地线，更换为带绝缘护套的专用接地线。

（2）加强检修工艺质量管理。严格按照电气质量工艺接线，杜绝出现不符合接线质量工艺的事情发生。

（3）举一反三，并进行隐患排查。对其他主变压器高压套管末级屏式过热器接地、铁芯夹件接地等进行检查处理，定期对运行机组主变压器高压套管末级屏式过热器进行红外测温。

案例四　主变压器低压侧套管漏油导致停机

一、事件经过

2013 年 8 月 21 日上午 10 时 0 分，机组负荷为 202MW，巡检人员发现 1 号主变压器低压侧 B 相套管升高座排污法兰处向外滴油，见图 3-5，经现场检查确认，决定停机处理缺陷，机组于 21 时 25 分停运。

图 3-5　套管升高座漏油点

二、检查与分析

套管为全密封结构，其整体连接采用机械卡装辅以碟形弹簧，以形成轴向力压紧耐油橡皮垫圈，基建安装时套管为整体安装。解开封闭母线与 1 号主变压器低压侧 B 相套管升高座的软连接及套管箱，检查发现套管瓷瓶完整，套管与升高座密封良好，套管瓷瓶与金属底座结合处密封圈破损、漏油，底部有密封圈破损碎片残留，见图 3-6。

图 3-6　套管密封损坏情况

分析认为，套管在厂内生产安装过程中，各螺栓紧固时用力过大，橡胶受力超过压缩余量，造成套管密封损坏，引发漏油。

三、整改措施

（1）更换 1 号主变压器低压侧 B 相套管，并进行相关电气试验合格，油样化验合格。同时对 A、C 相低压侧套管进行检查。

（2）变压器检修时应对套管密封部位进行全面检查，重点检查结合面是否存在渗油漏油情况，密封垫是否存在龟裂、老化、变形现象。

第三节　发电机附属设备故障典型案例

案例一　发电机出口电压互感器一次绕组发生匝间短路导致发电机定子接地

一、事件经过

2017 年 7 月 14 日 6 时 54 分，某厂 1 号发电机有功功率为 174MW，无功功率为 42Mvar，定子电流为 6.53kA，定子电压为 15.75kV，转子电流为 1350A，转子电压为 264V，首出"发电机定子接地"，发电机解列。

二、检查与分析

检查发现发电机-变压器组保护定子 $3U_0$ 接地保护（发电机定子 85%保护）动作（保护定值为 10V，保护装置 $3U_0$ 动作记录值为 11.36V）。6kV 一、二段快切装置动作正常，保护装置录波显示发电机中性点电压互感器（TV）$3U_0$ 为 11.36V。

对机端及中性点各 TV、封闭母线外观进行检查，未发现异常。用水内冷发电机绝缘电阻表测试发电机定子绝缘合格，测试值为 7.9GΩ。用 2500V 绝缘电阻表对发电机所有 TV 进行绝缘检查，未见异常，进行耐压试验、TV 变比试验及测量一次绕组直流电阻值，发现发电机 C 相仪表 TV 一次绕组直流电阻值低，变比严重超差。

分析认为，发电机端 C 相仪表 TV 一次绕组存在气泡等质量缺陷，长期运行发展为匝间短路，造成发电机定子对地的相电压不平衡，发电机中性点 TV 的 $3U_0$

达 11.36V，超过保护定值，发电机定子接地保护动作，1 号发电机跳闸。

三、整改措施

（1）根据现场条件，将"半绝缘式"TV 升级改造为"全绝缘式"，增强设备的可靠性。

（2）在 TV 柜上加装测温孔，加强对 TV 的测温管理；定期对 TV 进行测温，并记录机组负荷、室内温度及 TV 绝缘表面和铁芯温度，及时发现异常并处理。

案例二　发电机出口电压互感器制造缺陷导致定子接地

一、事件经过

2015 年 8 月 13 日 16 时 54 分，机组负荷为 365MW，发电机－变压器组主一、主二保护发电机保护装置"95%定子接地"保护动作，装置全停，出口跳主变压器高压侧 5002 断路器，发电机跳闸，机组解列。

二、检查与分析

机组跳闸后，检查发现发电机出口 3TV A 相外表有裂纹，内部流出黑色胶状物，外壳有烧黑痕迹，异味较重，互感器本体发热严重，下方密封胶融化。发电机出口 3TV A 相试验，发现直流电阻偏低（1400Ω，其余两相为 1800Ω）；进行局部放电测量，无法升压。对发电机机端 3TV A 相进行解体检查，发现一次绕组部分线圈和绝缘有烧焦、烧黑痕迹，线圈外部与铁芯的绝缘胶有融化喷射痕迹，底部密封胶融化，见图 3－7。

图 3－7　TV 解体放电部位

分析认为，发电机出口 TV 在浇注中产生气泡，导致运行中发生局部放电，最终累积，导致绝缘击穿，引起定子接地保护动作。

三、整改措施

（1）更换发电机出口 TV，预试合格。

（2）发电机出口 TV 试验项目及周期应严格执行标准，开展其 TV 感应耐压和局部放电试验。

案例三　发电机出口 B 相避雷器对地放电导致定子接地保护动作停机

一、事件经过

2015 年 8 月 13 日 3 时 13 分，某电厂 8 号机组负荷为 240MW，首出"发电机定子接地 $3U_0$"，发电机跳闸，机组解列。

二、检查与分析

停机后检查发现，发电机出口 B 相避雷器动静触头之间的绝缘隔板对外壳放电。分析认为，绝缘隔板对外壳放电的原因，一是带电部位与绝缘隔板间隙过小；二是绝缘隔板自动静触头开孔处至金属外壳存在隐性裂纹，在空气湿度大因素综合作用下，绝缘隔板隐性裂纹形成放电通道。发电机出口 B 相避雷器动静触头之间的绝缘隔板对外壳放电，从而导致发电机定子接地保护动作。

三、整改措施

（1）将发电机出口 B 相避雷器动触刀与静触头鸭嘴之间的绝缘隔板开孔扩大，增大避雷器动触刀与绝缘板之间的距离。

（2）对发电机出口避雷器绝缘隔板进行改造，便于进行检修、检查、清扫及维护。

（3）加强雷雨天气对电气设备的巡视检查，重点检查发电机出口封闭母线、发电机出口 TV、发电机出口避雷器等易受雷雨天气影响的设备，发现异常及时处理。

案例四　发电机封闭母线内盘式绝缘子发生闪络导致定子接地

一、事件经过

2017 年 2 月 12 日 17 时 20 分，某厂 1 号机组负荷为 100MW，1 号高压厂用变压器带 6kV IA、IB 段运行，发电机－变压器组保护 B 柜发电机定子接地 $3U_0$ 保护动作，$3U_0$ 动作电压为 10.548V，大于 10V 设定值，发电机跳闸。

二、检查与分析

检查发电机－变压器组 B 柜保护为发电机定子接地 $3U_0$ 保护动作跳闸，发电机机端 $3U_0$ 电压为 10.548V，发电机中性点 $3U_0$ 电压为 11.645V，整定值 $3U_0$ 电压为 10V。由于发电机中性点 $3U_0$、机端中性点 $3U_0$ 都达到整定值。对一次系统设备进行绝缘测量，测量结果为 2500V 绝缘电阻值为 0.02Ω，排除出口避雷器、电压互感器存在故障。除发电机出口三相软连接，对发电机三相进行绝缘测量，测量结果为 2500V 绝缘电阻值为 1.5GΩ，对另一侧设备（包括封闭母线、励磁变压器、高压厂用变压器、主变压器）进行绝缘测量，测量结果为 2500V 绝缘电阻值为 0.02Ω，排除发电机存在故障。

发电机定子接地保护范围为发电机本体、发电机出口及封闭母线，可初步判断为封闭母线存在问题。对励磁变压器、高压厂用变压器、主变压器软连接进行拆除，单独对封闭母线三相进行绝缘测量，测量结果为 A 相 2500V 绝缘电阻值为 0.02Ω，B 相 2500V 绝缘电阻值为 8000MΩ，C 相 2500V 绝缘电阻值为 140MΩ，故判断故障点在发电机 A 相封闭母线内部。

对发电机 A 相封闭母线管道内部的支撑绝缘子、盘式绝缘子逐个进行检查，发现高压厂用变压器与封闭母线连接位置的水平方向下部有一支撑绝缘子上部绝缘垫有放电痕迹，且在垂直方向的盘式绝缘子放电痕迹较明显。

在拆下支撑绝缘子之前对封闭母线进行绝缘测量，测量结果为 2500V 绝缘电阻值为 11MΩ（随着环境温度的变化绝缘电阻由原来的 0.02Ω 升至 11MΩ），拆下支撑绝缘子后再进行绝缘测量，测量结果为 2500V 绝缘电阻值为 11MΩ，没有发生变化，拆下盘式绝缘子后进行绝缘测量，测量结果为 2500V 绝缘电阻值为 60MΩ，有明显增加趋势。初步判断发电机 A 相封闭母线与高压厂用变压器连接处的盘式绝缘子绝缘降低闪络，导致 1 号机组发电机定子接地保护动作。对盘式绝缘子进行绝缘测量，其测量结果为 13MΩ。交流耐压试验（发电机出口 15.75kV 电压等级，封闭母线耐压为 43 000V），电压加至 15 000V 时，试验仪器跳闸，试验结果为不合格。

分析认为，高压厂用变压器上方盘式绝缘子绝缘降低原因为发电机已运行多年，盘式绝缘子运行受影响情况较复杂，但该处的盘式绝缘子表面有黑色粉末，老化造成绝缘降低，导致发生接地故障；造成发电机定子接地 $3U_0$ 保护动作原因为发电机 A 相封闭母线内高压厂用变压器上方盘式绝缘子绝缘降低、发生闪络接地。

三、整改措施

（1）更换盘式绝缘子前，对故障 A、B、C 相封闭母线进行交流耐压试验，保证 A、B、C 三相封闭母线良好，更换盘式绝缘子后对 A 相封闭母线进行交流耐压试验，合格后才能投入运行。

（2）对其他主设备，包括发电机本体、高压厂用变压器、主变压器进行预试检查，确保设备试验结果合格。

（3）对 1 号机组三相封闭母线进行全面检查，对支撑绝缘子螺钉紧固处胶垫、窥视孔密封胶垫进行更换，其他机组利用检修机会进行更换。

（4）针对 1 号机组发生故障情况，利用停机检修机会对其他 3 台机组进行全面检查。

（5）对发电机-变压器组定子接地保护 $3U_0$ 测量值进行监视，监视是否有增加趋势，做到及时发现。

第四节　高压电缆故障典型案例

案例一　小动物导致增压风机电缆接线铜排三相短路

一、事件经过

2017 年 7 月 23 日 1 时 38 分，2 号机组负荷为 206MW，主蒸汽流量为 560t/h，主蒸汽压力为 16.1MPa，主蒸汽温度为 535℃，再热蒸汽压力为 2.2MPa，再热蒸汽温度为 526℃，机组背压为 11kPa，2A 增压风机工频运行投静叶自动，2A 吸收塔 2A1、2A2、2A4 浆液循环泵运行。

1 时 38 分，2A 增压风机跳闸，2 号机组 RB 动作；1 时 39 分，2A1、2A2、2A4 浆液循环泵全停，延时 3s，触发 2 号机组锅炉 MFT，汽轮机、发电机跳闸。

二、检查与分析

检查 2A 增压风机保护装置，保护装置显示 A、B、C 三相差动电流为 20.59、26.49、27.49A，故障电流大于差动速断定值（6.08A），差动速断保护动作；故障电流大于过流速断定值（4.94A），电动机保护装置过流速断保护动作。

2A 增压风机就地接线盒及中性点接线盒检查未见异常，本体三相对地绝缘电阻为 1.2GΩ，三相直流电阻：A 相为 68.61mΩ，B 相为 68.57mΩ，C 相为 68.47mΩ，合格；对 2A 增压风机变频间进行检查发现工频旁路开关 QF3 后上柜门变形，后下柜门内部电缆接线铜排处电弧灼伤严重，柜内底部有烧焦的一只老鼠。立即对盘柜电弧灼伤等部位进行检查清理，对变频器柜内封堵情况进行检查，发现盘间联络电缆孔洞有缝隙，封堵后测试电缆绝缘合格，断路器检查正常。

分析认为，2A 增压风机工频旁路开关电缆室两侧盘内联络电缆孔洞封堵不严，老鼠进入此间隔造成电缆接线铜排三相短路，短路瞬间产生 10 000A 左右三相电流，导致 6kV 2A 段母线电压瞬间降低，从而引起 380V 机、炉动力电源（PC）2A 段、脱硫 PC 2A 段、2 号机组脱硫保安段、机组保安 2A 段母线电压降低，引发相应配电段所带设备电源开关交流接触器因低电压返回跳闸。运行中 2A1、2A2、2A4 浆液循环泵减速机润滑油泵全停（2A3 浆液循环泵备用），延时 60s，联锁触发 2A1、2A2、2A4 浆液循环泵全停。

三、整改措施

（1）全面排查全厂电气盘柜、就地端子箱、接线盒电缆封堵，对封堵不严处重新进行封堵。

（2）梳理涉及机组主保护设备的交流接触器型断路器，考虑在综合保护装置中增加短时欠压跳闸后重启动功能。

案例二 脱硫公用变压器 6kV 电缆接地故障导致停机

一、事件经过

8 月 18 日 9 时 27 分，某厂 2 号机高压厂用变压器 B 分支零序保护动作，外部重动 3 保护动作（热工保护），外部重动 1 保护动作（失磁联跳），发电机跳闸，6kV ⅡB 段工作电源 6204 断路器跳闸，6kV ⅡB 段母线失电，脱硫 6kV Ⅱ段工作电源 6242 断路器跳闸。380V 厂用工作 A、B 段电源断路器跳闸，备用电源断路器联合，1 号柴油机启动，出口开关自动合闸，事故 II 段母线失电，工作电源 4912 断路器跳闸，联络电源开关 4915 合闸。

二、检查与分析

现场检查通往 1 号脱硫公用变压器高压侧电缆沟石灰石储料场处，电缆沟盖板有被重型车辆压坏处，检查发现电缆破损处支架已变形（1 号脱硫公用变压器高压侧电缆在最上部）。1 号脱硫公用变压器 6623 断路器跳闸线圈烧损，现场打开面板后，发现跳闸线圈已完全烧损，线圈衔铁在动作位置，衔铁击打机械部位"四连杆机构"的销子处于半脱落状态。检查 2、3 号脱硫配电室，室内有绝缘过热烧焦味，1 号脱硫公用变压器零序保护动作，断路器在合位，将断路器停电后发现跳闸线圈烧损。

分析认为，1 号脱硫公用变压器高压侧电缆一相电缆被大车压坏，导致电缆芯与屏蔽层接触接地，接地后 1 号脱硫公用变压器 6623 断路器应该跳闸，但因其跳闸线圈机械部分卡涩，造成跳闸线圈带电时间过长烧损而无法分闸，造成 6kV II B 段母线被越级跳失电。又因凝结水泵变频器控制电源取自 6kV II B 段母线下汽轮机变压器 380V 母线段，造成变频器控制电源瞬间消失，1 号凝结水泵无法再次启动，同时 2 号工频备用的凝结水泵因失电也无法启动，凝汽器水位无法控制，来"凝汽器水位异常"信号，机组跳闸。

三、整改措施

（1）对 1 号脱硫公用变压器高压侧电缆绝缘重新进行处理，耐压实验合格后投运。

（2）对所有与 1 号公用变压器高压侧同型号的断路器进行检查，卡簧进行更换，保证机构动作灵活。

（3）重新计算脱硫电源 B 断路器 6242 零序保护定值动作时间，将时间改为 0.7s，实现保护定值配合准确，不发生越级跳闸事故。对其他相同设备进行保护核对，发现异常及时进行修改。

（4）对脱硫 6kV II 段母线 BZT 装置进行升级改造，待备件到货后进行更换。同时，检查使用寿命达到或超过 12 年的继电保护装置，并进行性能试验，不合格的进行更换。

（5）将 2 号机组凝结水泵变频器控制电源改接到本机不间断电源（UPS）装置上，防止控制电源波动时，造成变频器重故障。同时，对其他机组凝结水泵变频器、一次风机变频器、送风机变频器控制电源进行同样改造。

案例三 10kV 高压电缆头制作存在缺陷导致放电击穿

一、事件经过

2018 年 3 月 4 日 23 时 25 分，厂用 10kV Ⅰ 段、Ⅱ 段、公用 Ⅰ 段负荷分别由高压厂用变压器和高压公用变压器供电。机组跳闸，首出：发电机－变压器组保护装置"A 厂变比率差动"，发电机出口 3310、3311 断路器跳闸。

二、检查与分析

现场检查 A 电动给水泵电动机 10kV 断路器侧 A 相电缆头应力管处击穿，并且断路器下口三相接线铜排处有明显放电痕迹，见图 3－8。测量高压厂用变压器 A 分支低压侧相直阻偏差量超过 20%，对变压器返厂进行吊罩检查发现 B 相和 C 相外线圈上部导线绝缘破损，铜导线外露、断裂，线圈倾斜、变形；A 相上下端两匝线饼外凸。

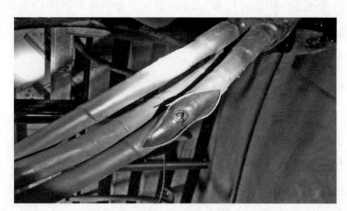

图 3－8　故障电缆放电处

分析认为，A 电动给水泵电动机 10kV 断路器侧 A 相电缆头制作存在缺陷，使得其电缆头应力管处放电击穿，再发展成弧光三相短路，导致 10kV 断路器过流Ⅰ段和零序保护动作跳闸。当 A 电动给水泵保护动作切除故障后，由于故障点已转移至 1 号高压工作变压器低压侧，造成变压器比率差动和重瓦斯保护同时动作。虽然保护动作正常，在定值时间内切除了故障点，但高压厂用变压器未能承受住短路电流冲击，出现内部故障。

三、整改措施

（1）对 A 电动给水泵电缆头进行重新制作，加强对高压电缆制作工艺的把控，并进行交流耐压试验合格后使用。更换变压器低压侧三相线圈。

（2）对所有高压电缆进行排查，通过绝缘电阻测试和交流耐压试验来检验高压电缆的可靠性。

案例四 **火焰检测冷却风机动力电缆外绝缘受热导致电缆接地**

一、事件经过

2017 年 12 月 27 日 1 时 50 分，某厂 8 号机组负荷为 202MW；1 时 52 分，1 号火焰检测冷却风机跳闸，2 号火焰检测冷却风机联锁启动，就地检查发现 8 号炉 1 号角 12.6m 下方电缆槽盒处有烟味，未见明火，立即对电缆槽盒进行检查；2 时 12 分，2 号火焰检测冷却风机跳闸，1 号火焰检测冷却风机未联锁启动，两台火焰检测冷却风机全停，锅炉 MFT 动作，首出"火焰检测冷却风机全停"，机组解列。

二、检查与分析

该段电缆桥架为上下两层槽型结构的封闭电缆槽盒，中间布线部分约为 100mm 高度，布线密集，特别是一次风管漏出的细煤粉进入槽盒，内部不易打扫，在缝隙处产生大量积粉。检查发现部分涉及火焰检测冷却风机动力电源、控制信号电缆烧损，对两台火焰检测冷却风机进行绝缘检测，发现绝缘为零。

分析认为，火焰检测冷却风机动力电缆长期处在锅炉环境中，因管道密封不严等情况导致该处环境中的细煤粉不断聚集，产生阴燃，电缆外绝缘受热使绝缘逐渐损坏，最终导致电缆接地。

三、整改措施

（1）更换受损电缆。

（2）按照规程要求定期清扫电缆桥架，及时封堵电缆桥架缝隙。

第四章
电气专业二次设备故障停运典型案例

第一节　励磁设备故障典型案例

案例一　励磁调节器联跳至发电机–变压器组保护柜动作导致停机

一、事件经过

某厂 4 号机组发电机励磁变压器型号为 RESIBLOC，2006 年 6 月投产。励磁调节器配置励磁变压器温度保护，采集励磁变压器三相温度测点经判断后出口报警或跳闸，具有温升速率闭锁功能。

2017 年 7 月 11 日 12 时 18 分，机组有功功率为 289MW，无功功率为 89Mvar，电压为 20.2kV，定子电流为 8596A，励磁电流为 2151A，励磁电压为 241V；12 时 19 分，发电机出口 204 开关跳闸，发电机–变压器组保护 C 屏"励磁调节器联跳"动作。

二、检查与分析

查阅励磁调节器故障报文，励磁调节器运行在通道一，励磁变压器温度高报警（报警值为 130℃）突变到励磁变压器温度高跳闸（跳闸值为 150℃）。发电机–变压器组保护 C 屏"励磁调节器联跳"动作前后发电机电流、电压、励磁变压器电流等参数无较大的波动。停机后测量励磁变压器三相绕组温度表面温度约为 60℃。

分析认为，由于 A 相测温元件输出存在异常突升，使励磁系统计算的励磁变压器温度达到 150℃跳闸定值，同时励磁调节器温升速率闭锁逻辑（10℃/0.1s）

对温度突变量无法进行有效闭锁，当励磁变压器测温元件输出温度突升达到温度高跳闸定值时，导致励磁系统励磁变压器温度高保护动作，触发"励磁调节器联跳"，发电机跳闸。

三、整改措施

（1）修改励磁调节器两个通道 6003、6004、6005 参数控制字，取消励磁调节器温度高跳闸及报警功能，将励磁变压器三相温度测点接至热工 DCS，作温度测点显示并设置 110℃弹窗报警，实现监视功能，同时加强运行监视，发现超温及时联系处理。

（2）排查励磁调节器相关逻辑，对存在类似的隐患进行修改。

（3）排查其他机组励磁调节器是否存在同类型隐患，并参照 4 号机组进行整改。

案例二　发电机–变压器组保护柜励磁变压器差动保护动作导致停机

一、事件经过

某厂 4 号发电机型号为 QFSN－315－2 型水氢氢发电机，其励磁系统为自并励励磁系统，发电机–变压器组保护装置型号为 DGT 801B。发电机–变压器组保护装置、励磁系统均于 2006 年 6 月投入运行。

2017 年 10 月 3 日 18 时 7 分，发电机定子电压为 19.54kV，电流为 8822A，有功功率为 292MW，无功功率为 69Mvar，励磁电压为 228V，电流为 2022A；18 时 8 分，机组跳闸，联跳汽轮机，锅炉 MFT，汽轮机紧急跳闸系统（ETS）首出："发电机–变压器组故障 A"，发电机–变压器组保护 A 柜报"励磁变压器差动保护动作"。

二、检查与分析

查阅发电机–变压器组保护 A 柜"励磁变压器差动"报文显示，动作相别为 A 相。调取发电机–变压器组保护 A 柜动作录波记录，显示励磁变压器高压侧 A 相电流为 0，B、C 两相正常；励磁变压器低压侧 A、B、C 三相显示正常，为 3.53A，无"励磁变压器差动"报警。检查发电机–变压器组保护 A 柜，闻到有焦煳味，打开柜门测量"励磁变压器高压侧 A 相电流"TA 直阻，发现交流采样板卡内部阻值无穷大，判断励磁变压器高压侧 A 相 TA 烧损。

分析认为，发电机–变压器组保护 A 柜保护交流采样板 CH52 通道 "励磁变压器高压侧 A 相电流" 内部采样 TA 存在质量缺陷，运行中发热烧损，造成 A 相电流消失，励磁变压器差动保护动作。

三、整改措施

（1）更换 TA，排查同批次的发电机–变压器组保护交流采样 TA，利用调停及检修机会更换有问题的 TA。

（2）强化维护和运行巡检管理，对保护设备结合机组检修进行更换。

案例三　发电机电刷装置烧毁导致转子一点接地保护动作停机

一、事件经过

2014 年 7 月 9 日 0 时 28 分，某厂 2 号发电机–变压器组保护 B 柜转子一点接地保护报警；0 时 30 分，检查发现发电机电刷冒火；0 时 41 分，发电机–变压器组保护 C 柜保护装置灭磁开关联跳保护动作出口，发电机跳闸。

二、检查与分析

现场检查电刷装置，发现转子负极电刷、刷架、集电环绝缘套烧毁，刷架底座台板绝缘烧坏，测量集电环对地绝缘为 0。分析认为，负极集电环表面因集肤效应引起电蚀，产生点状腐蚀，造成电刷接触面阻值变小，引起电刷分流不均，分流不均后又恶化接触面腐蚀情况，发生电刷冒火，冒火后引起环火，同时集电环温度升高，绝缘筒绝缘降低，持续高温导致绝缘筒绝缘被完全破坏，大电流引起电刷、刷握、刷架、底板、负极引线铜排烧毁，造成发电机–变压器组保护 C 柜保护装置灭磁开关联跳保护动作出口，转子一点接地动作，发电机跳闸。

三、整改措施

（1）对发电机集电环进行检查并对烧毁的部件进行更换处理。

（2）大、小修期间对发电机集电环进行检查，发现凹凸程度超标，及时处理，并且增加集电环处的风温测点。

案例四 机组励磁系统整流柜内可控硅短路导致停机

一、事件经过

2015 年 1 月 18 日 11 时 57 分，某厂 6 号机组有功功率为 516MW，无功功率为 24MVA，励磁电流为 3100A，机组跳闸，首出"励磁系统故障"。检查故障录波，DCS 首出 AVR（励磁控制系统）过励限制器动作，励磁跳闸，联跳发电机。

二、检查与分析

停机后检查发现励磁系统 1 号整流柜下方 3 只阳极可控硅的快熔熔断，2 号整流柜三相 6 只熔断器全部熔断，1 号及 2 号整流柜下方 3 只可控硅的散热片间均有短路拉弧烧损痕迹，阻容吸收熔断器熔断，元件烧损，见图 4-1，其余 3 台整流柜受烟熏波及。分析认为，整流柜内阻容吸收器失效，换相过电压和尖峰电压无法被有效吸收，可控硅重复性击穿电压性能下降，1 号及 2 号整流屏 B 相可控硅在换向时发生击穿，且整流桥间无相间绝缘隔板，导致 A、C 相短路，并发展成三相短路，电弧喷发，导致相邻整流柜短路。

图 4-1 1 号整流柜

三、整改措施

（1）修复受损整流柜，改进可控硅间防护，增加阻燃绝缘隔板，励磁系统静态和动态试验合格。

（2）举一反三，对其他机组整流柜内的电容器进行排查，发现问题及时处理。

案例五 机组励磁机调节柜可控硅整流元件击穿导致停机

一、事件经过

2015 年 12 月 18 日 3 时 11 分，某厂 3 号机组负荷为 363MW，无功功率为 58.2Mvar、出口电压为 20.2kV，主励磁机励磁电压为 5.16V，主励磁机励磁电流为 94A，发电机 - 变压器组"失磁保护动作"，机组跳闸。

二、检查与分析

检查发现励磁系统主励磁机转子旋转整流正极交流绕组 A 相引线与二极管连接处烧损。分析认为，主励磁机转子旋转整流正极交流绕组 A 相引线与二极管连接处发热，导致弧光短路，弧光烧灼产生的碎屑进入旋转整流环内，进一步加剧励磁机短路故障，造成励磁机定子一个磁极线圈烧损，并使励磁调节器 A 柜可控硅整流元件击穿、损坏。

三、整改措施

（1）将旋转无刷励磁系统改为自并励系统。

（2）加强设备日常巡检，监测励磁系统各项状态参数，及时发现异常并处理，提高旋转无刷励磁系统检修和试验质量标准，及时消除励磁系统各环节隐患或缺陷。

第二节 二次回路设备故障典型案例

案例一 高压厂用变压器控制回路串入交流导致发电机跳闸

一、事件经过

2017 年 4 月 12 日 11 时 0 分，某厂 4 号机组负荷为 201MW，汽轮机跳闸，首出为发电机保护动作。

二、检查与分析

停机后检查发现 ETS 动作原因为主开关辅助触点三路合闸信号消失。查直流绝缘监测装置显示 DC 110V 系统对地绝缘低,逐步排查至 4 号高压厂用变压器冷却器控制箱,该控制箱中的风扇电动机交流电缆和高压厂用变压器第 2 组冷却器故障开关量输入电缆外皮有破损,检查切换冷却器至第 2 组后直流系统显示绝缘低,切回第 1 组运行直流绝缘恢复正常。经测量绝缘低时直流对地有 3~46V 无规律变换的交流电压。

分析认为,破皮受损交流电缆带电运行(2011 年虽已拆除变压器冷却器非电量跳闸保护连接片,但未拆除跳闸连接片后连接的开关量输入回路电缆),导致交流串入高压厂用变压器非电量直跳回路的输入回路,造成保护装置内出口继电器误动作,从而使机组因非电量全停保护动作停机。

三、整改措施

(1)更换功能不足及老化失效的直流绝缘监测装置,保证装置绝缘监测、选线及交直流互串报警功能的正常投用。

(2)对全厂进行过改造的电气、热控专业的端子排、控制箱等进行摸排,掌握全面情况,防止发生类似事件。

(3)在机组停机时,对 220kV 断路器送机组 ETS 的三路主开关合闸信号回路重新敷设电缆,对重要信号回路采用独立电缆回路,不得采用多信号共用单线缆接线的方式。

● 案例二 保护装置元器件老化导致机组跳闸

一、事件经过

2017 年 11 月 24 日 12 时 14 分,某厂 2 号机组 380V ⅡA 段进线断路器 4211 跳闸,柴油发电机未能联启,380V ⅡA 段母线失电,导致 380V 保安ⅡA 段失电,连接在 380V ⅡA 段、380V 保安ⅡA 段油枪双电源失电,无法投油稳燃,机组跳闸。

二、检查与分析

检查 380V ⅡA 段 4211 进线断路器 WDZ-461 型线路保护测控装置事故报

文：保护动作记录"接地保护动作"，动作时保护二次 A、B、C 三相电流分别为 I_a=0.23A、I_b=1.16A、I_c=1.05A，零序电流 I_0=1.55A。2 号机组低压厂用变压器运行正常，低压侧没有零序保护动作。2 号柴油发电机控制器发出"柴油发电机综合故障"，闭锁柴油发电机自启动，就地复归报警故障信号，柴油发电机自启动正常。测量 380V ⅡA 段绝缘正常，没有发现故障接地点，同时在事故排查过程中发现 380V ⅡA 4211 进线断路器 WDZ-461 型线路保护测控装置零序保护 I_0 存在电流较大波动，波动值最大达到 0.8A 左右。

分析认为，WDZ-461 型线路保护测控装置老化故障（已投产 12 年未进行保护装置电源、模块更换），误产生零序保护 I_0=1.55A，大于零序过电流保护动作值，导致 380V ⅡA 段 4211 进线开关误跳闸。

三、整改措施

（1）更换备用 WDZ-461 型线路保护测控装置，装置零序保护 I_0 采样正常，基本为 0，退出 380V 工作进线断路器零序过电流保护，投入过电流一、二段保护，对 380V 工作段间母线联络断路器加装一套备自投装置，提高厂用电安全、可靠性。

（2）对全厂双电源自投装置电源回路进行摸排，确保双电源回路尽量不接入同一回路中，提高设备可靠性。

（3）加强柴油发电机运行维护，消除柴油发电机控制器故障报警，确保柴油发电机可靠备用。

案例三 发电机-变压器组主变压器温度高非电量保护动作停机

一、事件经过

2017 年 9 月 18 日，某厂 1 号机组有功功率为 128.3MW；19 时 7 分，发电机-变压器组 C 屏非电量主变压器温度高保护动作，"主变压器温度高跳闸""6kV 工作段 A 段工作电源进线断路器保护跳闸""发电机-变压器组 220 断路器保护跳闸""发电机保护动作 3""发电机-变压器组 220 断路器保护动作""发电机热工保护动作"停机指令发出，汽轮机主汽门关闭，锅炉 MFT 保护动作，ETS 首出为"发电机保护动作 3"动作，机组解列停机。

二、检查与分析

事故发生时，当地连续强暴雨天气，就地检查 1 号主变压器绕组温度表，温度值为 52℃（动作值为 120℃）。发现表计端盖观察孔内部有水雾，表计盖子玻璃与金属粘连处有缝隙。打开 1 号主变压器绕组温度表外盖后，EM7 绕组温度表接线端子排 EM7－D2 和 EM7－D3 端子有进水痕迹。

分析认为，表计观察孔玻璃结合面存在缝隙，导致主变压器绕组温度表雨水渗入，引起 EM7－D2 和 EM7－D3 端子短路，误发主变压器温度高信号，1 号发电机–变压器组 C 屏主变压器温度高非电量保护动作，机组跳闸。

三、整改措施

（1）更换主变压器绕组温度表外盖，并做好表计的防雨设施。

（2）全面检查全厂温度控制器、升压站端子箱、开关机构箱、隔离开关操作箱、电磁阀、电动执行器、压力开关、电触点压力表、变送器等一次测量元件，重新制作防雨设施。

案例四　变压器温控器故障导致发电机–变压器组保护误动作

一、事件经过

2017 年 10 月 31 日，某厂 1 号机组负荷为 345MW，协调控制方式正常运行；10 时 31 分，发电机解列，汽轮机跳闸，锅炉 MFT 动作。发电机故障首出：励磁变压器温度高。

二、检查与分析

检查励磁变压器实际温度约为 70℃，并未超温。励磁变压器温控器至发电机–变压器组保护 C 柜二次回路、直流系统检查正常，对温控器进行断电再上电后，发现温控器黑屏无任何显示。分析认为，温控器发生故障，将异常信号输出至 DCS，造成励磁变压器跳闸，联跳发电机。

三、整改措施

（1）更换励磁变压器温控器温控板。

（2）全面排查电气系统同类型温控器，发现问题立即整改。

第三节 变频器设备故障典型案例

案例一 一次风机变频器入口隔离开关信号异常导致机组停机

一、事件经过

2017 年 11 月 16 日 12 时 28 分，某厂 1 号机组容量为 350MW。A 一次风机电流为 302A，B 一次风机电流为 298A，A、B 一次风机变频运行。B 一次风机变频器入口隔离开关信号消失，B 一次风机出口门联锁关闭，B 一次风机出力骤降，点火风量（流化风量）降至 45 000m³/h（标准状态）。12 时 37 分，因一次风机出力无法满足锅炉临界流化风量 170 000m³/h（标准状态），主蒸汽温度下降至 503℃；12 时 40 分，机组负荷为 154MW，主蒸汽温度下降至 486℃，手动停机，机组解列。

二、检查与分析

一次风机变频运行停运逻辑为：变频器入口隔离开关合位取反或出口隔离开关合位取反或变频器运行状态取反。就地检查一次隔离开关在合位，合位反馈辅助触点不可靠，不能真实反映隔离开关实际状态，导致一次风机停运，联关进、出口门。

分析认为：B 一次风机变频器入口隔离开关位置反馈辅助触点与主隔离开关不在同一轴上，通过连杆机构带动辅助触点，因冷却风机振动造成触点接触不良，信号不可靠。误发一次风机停运信号，联关进、出口门，造成一次风量降低至锅炉床料临界流化风量以下，床料不流化，为防止锅炉结焦，运行人员手动 MFT。

三、整改措施

（1）在一次风机联关风门控制逻辑中加入电流闭锁条件（工频模式加入 6kV 电源电流，变频模式加入变频器出口变频电流），防止因开关量不可靠而发生误动，联关动作出口门。

（2）在一次风机变频模式的联关风门控制逻辑中取消切换隔离开关条件，只用 6kV 断路器分闸信号，变频器停机信号和 6kV 电流信号采用"三取二"逻辑出口联关一次风门，隔离开关触点只用作报警或 SOE 信号。

（3）对联锁保护逻辑进行全面梳理，不合理的地方进行整改。

案例二　一次风机变频装置电源线端子松动导致主控电源瞬时丢失

一、事件经过

2015 年 3 月 10 日 17 时 39 分，某厂 31 号机组有功功率为 198MW，B 一次风机变频方式运行，变频装置在无任何故障报警及进、出线断路器变位的情况下，输出电流从 55.89A 突降为 0（DCS 显示为坏质量），一次风风压低报警。B 一次风机电流、转速均显示"坏质量"，有运行信号，实际已未出力。B 侧一次风压低至 1.5kPa，炉膛负压持续下降低至 −560Pa。手动打跳 B 一次风机，触发机组 RB 保护动作，锅炉全炉失火 MFT 发出，机组跳闸。

二、检查与分析

变频装置有主、备用两路控制电源，检查发现双电源切换回路中空气断路器 QF11 下方一相电源线端子松动，导致主控电源瞬时丢失。当主电源失去后，系统自动切换到备用电源，切换期间需靠回路中的 UPS 电源使变频器保持正常运行。当主、备电源同时失去后，变频装置 PLC 发出"重故障"信号，一次风机由变频切换到工频，保证一次风机仍处于正常运行。

由于事故发生时 UPS 已拆除，变频装置主电源丢失，无法切换到备用电源，失去控制电源的变频装置无法发出"重故障"信号。DCS 上仍显示 B 一次风机为运行状态（B 一次风机电动机 6kV 母线侧开关仍处于合闸状态），而就地 B 一次风机实际未出力。

尽管运行及时发现了 B 一次风机电流、转速显示坏质量，此时由于风机运行状态信号在，保护逻辑不允许关 B 一次风机出口电动门和 A、B 一次风机之间联络门，导致 A 一次风机的风量通过 B 一次风机出口排出，一次风压持续下降，最终因一次风压低无力携带煤粉进锅炉，手动 MFT。

三、整改措施

（1）恢复变频装置的 UPS，优化 UPS 装置运行状况的监视回路。

（2）增加一次风压 RB 逻辑，将一次风箱处或一次风机出口 A、B 侧增加压力测量装置，用"三取二"方式判断任意一侧风压低（定值通过运行实际情况确定，一次风压增加位置根据实际运行中的历史数据对比，安装在当风机故障时变化最明显的位置），触发一次风机跳闸 RB 条件，提高一次风机故障处理快速性和安全性，进一步优化变频装置主控制器或 PLC 失电后的相关逻辑。

（3）加强定期工作的执行力度，一是做好运行机组电气、热工重要端子的测温监视工作；二是做好停备机组电气、热工重要端子的紧固工作，防止由于端子松动引起机组不安全事件的发生。

案例三　直流系统蓄电池组发生接地故障导致机组跳闸

一、事件经过

2016 年 2 月 29 日 13 时 39 分，某厂 1 号机组启动 1 号给水泵，合闸后单元室照明消失、DCS 失电、机组跳闸，首出：热工保护动作。合操作台上直流油泵启动开关，就地检查直流油泵未启动。值班员在就地直流油泵操作柜上启动直流油泵，发现操作盘失电，检查高、低压辅机均跳闸，6kV、380V 厂用系统失电。

二、检查与分析

1 号给水泵启动过程中，6kV 厂用母线电压由 6.12kV 降至 5.5kV，380V 厂用电压随之下降，最低值降至 337V（DCS 采集周期间隔为 1 次/s，实际电压应该低于该数值）闭锁充电装置充电模块，蓄电池很快失电。直流电源失去，辅机控制回路失电跳闸，机组跳闸，跳闸后汽轮机顶轴油泵没有直流电源（该厂设计时因机组小于 200MW 未设计柴油发电机），最终造成汽轮机断油烧瓦。

三、整改措施

（1）更换 1 号机组直流系统的 103 只单体蓄电池组，恢复蓄电池组运行，彻底消除安全隐患。

（2）对于存在类似问题的 2、3、4 号机组及网控蓄电池组，及时进行更换。在蓄电池未改造完成之前，对于启动大容量设备时，制定防范厂用母线电压降低的防范措施。

第五章

热工专业设备故障停运典型案例

第一节　电源系统故障典型案例

案例一　电源切换装置异常导致锅炉 MFT 保护动作

一、事件经过

2016 年 6 月 6 日，某厂 1 号机组负荷为 361MW，主蒸汽压力为 15.3MPa，主蒸汽温度为 566℃，汽轮机转速为 2998r/min，A、B、C、D 4 台给煤机运行。5 时 8 分，锅炉 MFT 保护动作，首出为"全部燃料丧失"。

二、检查与分析

查看给煤机及机组主要参数历史曲线，发现 MFT 动作前所有运行的给煤机在同一时间跳闸。锅炉电源柜主电源为 UPS 供电，备用电源为保安电源，主电源来自机组热控总电源柜，4 台给煤机电源均取自锅炉电源柜。事件发生后，检查锅炉段电源供电电压无波动现象，发现所有给煤机的控制电源均由主电源切换至备用电源，锅炉电源柜主电源的电压监视值为 0V。触碰热控总电源柜至锅炉电源柜的电源馈线端子时，锅炉电源柜主路电源灯频繁闪烁，拆除该端子后发现端子内的金属表面有明显的过热氧化层，见图 5-1。

分析认为，热控总电源柜馈线端子接触不良，长时间运行形成过热氧化层，发生短时间断电，导致锅炉电源柜电源切换装置由主路电源切换到备用电源。而电源切换装置无法实现主、副电源无扰切换的功能，造成给煤机全部断电跳闸，机组停机。

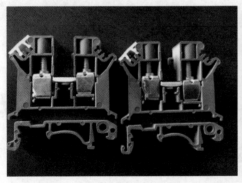

图 5-1   1 号机组热控电源柜馈线端子氧化情况

三、整改措施

（1）更换热控总电源柜馈线端子，恢复锅炉电源柜的主路电源。

（2）对全厂电源切换装置进行技术改造，使其满足主、副电源无扰切换的要求。

（3）将给煤机控制电源分散布置，在柜内粘贴供电及用电设备清单。

（4）加强机组检修期间电源切换装置的试验及电源柜内维护工作，并对所有热控电源柜内的接线端子进行必要的检查及紧固。

案例二   UPS 电源故障导致汽轮机紧急跳闸系统（ETS）保护动作

一、事件经过

2015 年 12 月 20 日，某厂 3 号机组负荷为 213MW，机组运行正常；8 时 21 分，汽轮机 ETS 保护动作，首出为"机械保护动作"，汽轮机跳闸，联跳锅炉，机组跳闸。

二、检查与分析

查看 DCS 报警事件追忆记录，汽轮机监视仪表（TSI）柜发至数字式电液控制系统（DEH）的信号为机械保护跳闸信号，其判断逻辑为：当转速小于 2900r/min 时，TSI 机柜内的振动值大于保护值或 TSI 柜内卡件故障信号输出。12 月 19 日，机组 UPS 电源逆变模块故障，切换至旁路保安电源供电；TSI 机柜电源由 UPS 电源变为保安段电源，切换过程中转速表电源空气断路器故障跳闸，TSI 发出"转速小于 2900r/min"长信号。12 月 20 日 8 时 21 分，运行人员启动 2 号电动给水泵时，保安段电源出现瞬时电压偏低现象，TSI 柜内卡件由于电压降低发出故障脉冲信号。

分析认为，由于转速表电源空气断路器故障跳闸，机组转速小于 2900r/min 信号发出；2 号电动给水泵启动时，TSI 电源电压降低，柜内卡件故障信号发出，满足机械保护跳闸条件，导致机组跳闸。

三、整改措施

（1）更换 UPS 电源逆变模块。

（2）优化 TSI 卡件保护逻辑，发电机未解列时，屏蔽机械保护跳闸信号发出。

案例三　直流 24V 电源模块故障导致汽轮机 ETS 保护动作

一、事件经过

2015 年 7 月 21 日，某厂 2 号机组负荷为 236MW，主蒸汽压力为 14.9MPa，主蒸汽温度为 538℃，汽轮机转速为 3000r/min；7 时 40 分，汽轮机跳闸，首出为"高压安全油（EH）压力低"，联跳锅炉，机组跳闸。

二、检查与分析

检查 ETS 系统，发现双路冗余 24V 直流控制电源其中一路电源模块部分芯片、线圈烧损，见图 5-2。对另一路电源模块进行测试，发现该直流控制电源不

图 5-2　2 号机组 ETS 系统双路冗余 24V 直流控制电源模块

带负载输出电压为 24V，带负载时输出电压为 7V，电压过低。高压遮断电磁阀（AST）失去常闭指令，电磁阀打开，EH 油压力卸掉，主汽门全部关闭，汽轮机跳闸联跳锅炉，机组停机。

三、整改措施

（1）更换 ETS 系统双路 24V 直流控制电源模块。

（2）定期对全厂热控双冗余电源进行检查，并进行切换试验。

第二节　控制系统硬件、软件故障典型案例

案例一　逻辑功能块故障导致汽轮机 ETS 保护动作

一、事件经过

2017 年 11 月 29 日，某厂 1 号机组负荷为 144MW，主蒸汽压力为 12.6MPa，主蒸汽温度为 537℃，汽轮机转速为 3000r/min；1 时 36 分，机组 ETS 保护动作，首出为"DEH 停机"。

二、检查与分析

DEH 首出为"保安油压力低"。DEH 系统 M2 站的一块 BRC300 控制器故障停止工作，另一块控制器正常工作。检查 M2 控制器逻辑，模块 560 号和 45 号均发出故障信号。重新启动 DEH 系统总电源后，M2 控制器恢复正常，560 号模块和 45 模块输出均正常，汽轮机能正常挂闸。汽轮机转速到 3000r/min 时，做动态数据处理单元（DPU）切换试验，560 号模块和 45 模块同时输出故障信号，汽轮机跳闸，首出"安全油压力低"。

分析认为控制器 M2 主站发生故障切换到副站运行时，由于 DEH 系统控制器故障保护逻辑设计不合理，故障信号发出后，继电器 7R9 和继电器 7R10 动作，AST 失电，汽轮机保安油压力无法建立，汽轮机跳闸。

三、整改措施

（1）对 M2 站控制器进行更换。

（2）对 M2 站控制器保护逻辑进行优化。

案例二　ETS 卡件故障导致汽轮机 ETS 保护动作

一、事件经过

2015 年 12 月 17 日，某厂 1 号机组负荷为 139MW，主蒸汽压力为 15.6MPa，主蒸汽温度为 539℃，机组运行正常；13 时 18 分，ETS 保护动作，首出为"DPU 故障"，汽轮机跳闸。

二、检查与分析

检查 DCS 画面，DPU 系统状态正常，查看 DEH 逻辑未发"DPU 故障"信号。检查汽轮机电子间，发现 DEH 系统 41 号控制器 B5 数字输出（DO）卡件故障，该卡件第 9 通道为"DPU 故障"跳机信号。分析认为，卡件故障导致跳机信号误发，ETS 保护动作，机组跳闸。

三、整改措施

（1）更换 DEH 系统 41 号站 B5 卡件，消除故障点。

（2）加强对 DEH 控制系统卡件巡检，及时发现卡件故障信号并处理。

案例三　TSI 卡件故障导致汽轮机 ETS 保护动作

一、事件经过

2016 年 1 月 22 日，某厂 1 号机组负荷为 150MW，主蒸汽压力为 13.4MPa，主蒸汽温度为 538℃，转速为 3000r/min；11 时 10 分，机组 ETS 保护动作，首出原因为"低压胀差超限停机"，联跳锅炉，机组跳闸。

二、检查与分析

现场检测低压缸胀差回路信号线屏蔽、阻值等均符合要求，检查低压缸胀差的 TSI 卡件，发现卡件故障灯亮。卡件故障导致低压缸胀差在 11 时 9 分在+6.8mm 左右异常波动，11 时 10 分超过跳机定值+7.2mm 后，ETS"低压胀差超限"保护动作，机组跳闸。

三、整改措施

（1）更换低压缸胀差的 TSI 卡件。

（2）对低压缸胀差保护逻辑进行优化，适当增加延时，防止保护误动。

案例四 DEH 卡件故障导致汽轮机 ETS 保护动作

一、事件经过

2017 年 2 月 18 日，某厂 1 号机组负荷为 200MW，主蒸汽压力为 13MPa，主蒸汽温度为 535℃；8 时 5 分，机组 ETS 保护动作，首出为"DEH 故障停机"，联跳锅炉，机组跳闸。

二、检查与分析

检查发现 DEH 故障停机首出原因为"低压保安油失去"。查看 DEH 历史曲线，发现停机前，低压遮断电磁阀（2YV）动作指令保持 1s 脉冲，2YV 电磁阀带电导致低压保安油失去。检查"低压保安油失去"保护逻辑没有发出低压遮断电磁阀（2YV）动作指令。在逻辑没有触发的情况下，判断为该卡件低压遮断电磁阀（2YV）输出指令的"CO_6"通道故障，误发 1s 脉冲指令，导致机组跳闸。

三、整改措施

（1）将低压遮断电磁阀（2YV）输出通道更换为另一卡件的备用通道，并经试验确认通道正常。

（2）在低压保安油系统的节流孔板后增加远传压力变送器，并做声光报警，机组运行过程中严密监视低压保安油压力变化情况。

案例五 TSI 卡件底座故障导致汽轮机 ETS 保护动作

一、事件经过

2018 年 11 月 16 日，某厂 2 号机组负荷为 161MW，主蒸汽压力为 13.1MPa，主蒸汽温度为 536℃；9 时 40 分，ETS 保护动作，首出为"轴承振动大"，联跳锅炉，机组跳闸。

二、检查与分析

轴振保护的逻辑为同轴 X（Y）向报警值"与"Y（X）向跳机值，查看历史曲线，部分轴振信号达到报警值，无轴振信号达到跳机值，不能触发"轴振大遮断"信号。

检查 TSI 机柜卡件状态,发现 12 号继电器卡的"轴振大报警""轴振大遮断"指示灯点亮,13 号继电器卡"TSI 报警"指示灯点亮,见图 5-3。分析认为,TSI 机柜 12 号继电器卡件底座故障,导致轴振大遮断信号闭合,当同轴轴振信号达到报警值时,满足保护逻辑触发条件,机组跳闸。

图 5-3　2 号机组 TSI 机柜卡件状态

三、整改措施

(1)在机组大修期间对 TSI 的所有传感器进行检验,并进行功能测试。

(2)依据 DL/T 5428—2009《火力发电厂热工保护系统设计规定》5.3.5 中 3)的要求:"冗余 I/O 信号应通过不同的 I/O 模块和通道引入/引出",对 TSI 机柜进行技术改造,增加卡件,保证同一项保护的冗余测点分散在不同卡件中,提升汽轮机保护动作的可靠性。

案例六　DCS 软件功能块故障导致汽轮机 ETS 保护动作

一、事件经过

某厂 8 号机组 DCS 系统为国产 TCS3000 系统。2016 年 1 月 30 日,机组负荷为 205MW,主蒸汽压力为 15.2MPa,主蒸汽温度为 542℃;16 时 25 分,1～4 号高压调节门关闭,负荷由 205MW 急速下降至 23MW;16 时 27 分,汽轮机跳闸,ETS 首出为"透平压比低保护停机"。

二、检查与分析

查看历史曲线,DCS 逻辑中汽轮机主控调节器压力软件功能块指令由 15.2

瞬间变为 0，导致调节器输出指令变为 0，1～4 号高压调节门关闭，使调节级压力由 8.96MPa 迅速下降至 2.09MPa，此时高压缸排汽压力为 2.35MPa，透平压比低保护动作停机（保护逻辑为：调节级压力除以高压缸排汽压力的值小于 1.7）。

分析认为，机组停机的原因为汽轮机主控调节器功能块故障，导致"透平压比低"保护动作，机组跳闸。

三、整改措施

（1）DCS 系统厂家对存在问题的逻辑功能块程序进行升级下装，消除故障。

（2）检查并升级其他自动控制逻辑功能块。

第三节 系统干扰故障典型案例

案例一 开关量保护信号跳变导致汽轮机 ETS 保护动作

一、事件经过

2015 年 4 月 16 日，某厂 2 号机组负荷为 302MW，主蒸汽压力为 18.5MPa，真空为 −87kPa；11 时 31 分，汽轮机跳闸，首出"DEH 汽轮机超速"。

二、检查与分析

查看 DEH 转速曲线，3 个转速在跳机前未出现波动，DEH 通道未发出超速保护信号。查看 SOE，在跳机后的 65s 内，ETS 发出 5 次保护信号，每次时长 100～200ms。同时发现 ETS 卡件部分备用通道未接线，但历史记录却有输入脉冲信号，确认为卡件受到外界干扰。

分析认为，ETS 系统抗干扰能力差，机组运行中 ETS 卡件受外界设备干扰，造成多个输入测点收到周期性有源干扰信号，在未收到汽轮机保护动作信号的情况下，ETS 保护直接驱动了跳闸中间继电器，导致 ETS 动作机组跳闸。

三、整改措施

（1）联系 ETS 厂家对相应信号加装隔离继电器，提高系统抗干扰性。并对卡件进行信号核实、传动及抗干扰试验。

（2）严格执行电子间管理规定，机组运行期间严禁在电子间内使用手机、对讲机等无线设备。

案例二 模拟量保护信号跳变导致汽轮机 ETS 保护动作

一、事件经过

2018 年 3 月 28 日 9 时 35 分，某厂 1 号机组负荷为 298MW，主蒸汽压力为 16.7MPa，主蒸汽流量为 950t/h，主、再热蒸汽温度分别为 541、542℃；9 时 36 分，机组 ETS 保护动作，首出为"高压缸排汽温度高停机"。

二、检查与分析

查看 SOE 与历史曲线发现，9 时 32 分，机侧主蒸汽温度测点由 533℃跳变至 666℃，持续时间为 9s；9 时 36 分，高压缸排汽温度测点 1 由 324℃跳变至 562℃，持续时间为 1s，达到高压缸排汽温度高停机保护动作值（420℃），保护动作；9 时 36 分，高压调节门外壁金属温度由 467℃跳变至 490℃，持续时间为 3s。检查 DCS 机柜主蒸汽温度、高压缸排汽温度测点 1、高压调节门外壁金属温度分布在的 3 块卡件，均正常。

检查跳变的温度测点电缆所走桥架无接地，测点所在机柜屏蔽地接地铜排引出至电缆夹层总接地铜排导线虚接，机柜内个别电缆屏蔽层引出线断线，没有引至柜内接地铜排。以上情况都易造成机柜内信号受干扰。

查看 DCS 逻辑，高压缸排汽温度高保护为"二取高"，逻辑中有测点的质量判断，但无速率限制模块。

综上分析，机组跳闸原因为 DCS 系统接地不良，温度信号受干扰跳变，且 DCS 保护逻辑中无速率限制模块，导致保护误动作。

三、整改措施

（1）温度主保护逻辑增加速率限制模块。

（2）排查电子间、电缆桥架等接地情况，确保系统接地完好。

案例三 SOE 卡通道故障导致锅炉 MFT 保护动作

一、事件经过

2015 年 1 月 14 日，某厂 6 号机组负荷为 110MW；10 时 6 分，没有任何异常报警的情况下，锅炉 MFT 保护动作，首出为"汽轮机跳闸"，汽轮机 ETS 首出为"锅炉 MFT"。

二、检查与分析

查看 SOE 记录，发现"汽轮机跳闸"信号首先发出，该信号来源为 DCS 系统 14 柜 B 面 6 板 SOE 卡件 2－6－16 通道。查看历史曲线，发现电气控制系统（ECS）、汽轮机 ETS、锅炉 MFT 等均无停机条件，排除遥控停机。分析认为，由于存在外界干扰，SOE 卡件通道误发"汽轮机跳闸"信号，触发锅炉 MFT 保护动作，联跳汽轮机及发电机。

三、整改措施

（1）SOE 卡件采集精度高，SOE 信号不能作为保护信号，将保护信号输入卡件更换为 DI 卡。

（2）对重要保护信号冗余分散配置，在逻辑中进行"三取二"判断。

第四节　就地设备故障典型案例

案例一　给水流量变送器故障导致锅炉 MFT 保护动作

一、事件经过

2018 年 1 月 29 日 5 时 22 分，某厂 2 号机组负荷为 188MW，主蒸汽压力为 12.1MPa，主蒸汽温度为 530℃，汽包水位为 －279mm；5 时 23 分，锅炉 MFT 动作，首出为"汽包水位低三值（－300mm）"。

二、检查与分析

查看历史曲线，5 时 21 分，锅炉给水流量信号突变，测点 1 由 620t/h 上升至 842t/h，测点 2 由 611t/h 降为 0t/h，测点 3 由 609t/h 上升至 842t/h。

现场检查给水流量变送器取样管从 BC 框架主汽管和给水管夹层引出，穿过 C 排墙后到锅炉 10m 变送器柜，变送器柜和 C 排墙外保温伴热正常投入。C 排墙内取样管无保温伴热，给水和蒸汽管道穿墙处缝隙大，BC 框架夹层温度低，导致取样管结冰，造成给水流量信号异常。

汽包水位调节系统中给水流量信号为"三取中"，信号波动导致测量值大于实际值，调节系统根据错误的测量值减小给水泵转速，导致汽包水位低保护动作，机组跳闸。

三、整改措施

（1）封堵给水管道、蒸汽管道穿墙处的缝隙，对 BC 框架内和穿墙处的给水流量变送器取样管加装保温和伴热。

（2）完善重要自动系统控制逻辑，当参与调节的信号异常时，退出自动控制并发出报警信号。

案例二　真空试验块故障导致汽轮机 ETS 保护动作

一、事件经过

2016 年 7 月 22 日 14 时 29 分，某厂 4 号机组负荷为 317MW，主蒸汽压力为 16.9MPa，主蒸汽流量为 1014t/h，真空为 −94.9kPa。DCS 发真空 PS3502A 和 PS3502C 报警；14 时 34 分，机组 ETS 保护动作，首出原因为"低真空遮断"。

二、检查与分析

查看 DCS 历史曲线，真空系统参数正常。现场检查，真空试验块 1 通道压力表指示为 −50kPa，表盘松动，2 通道压力表指示为 −75kPa。对真空试验块连接的管路仪表接头进行紧固后，1、2 通道压力表指示为 −90kPa 正常。检查真空系统试验块相关阀门，发现第二路真空取样管至 2 通道三次门 1、2 未关严，见图 5−4。

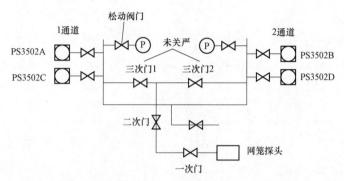

图 5−4　4 号机组真空压力开关取样管及试验块安装原理图

真空试验块 1 通道压力表安装时紧固不牢，运行中振动表计松动，导致压力开关 PS3502A 和 PS3502C 在 14 时 29 分动作。第二路真空取样管至 2 通道的三次门 1、2 未关严，2 通道压力通过 1 通道的压力表松动处泄压，导致压力开关 PS3502B 和 PS3502D 在 14 时 34 分动作，机组跳闸。

三、整改措施

（1）编写保护系统取样阀门检查卡，机组启动前全面检查确认阀门状态。

（2）机组启动前严格进行真空试验块跳机试验，保证试验块可靠运行。

第六章

环保专业设备故障停运典型案例

第一节 增压风机设备故障典型案例

案例一 增压风机振动大导致机组停机

一、事件经过

某厂建有 2×300MW 亚临界湿冷机组,烟气脱硫采用石灰石 – 石膏湿法工艺,每台机组设一台静叶可调轴流式增压风机。2017 年 10 月 13 日 20 时 30 分,1 号机组负荷为 270MW,发现增压风机振动偏大。降负荷至 160MW 时,此时风机水平振动频率为 9.2mm/s,垂直振动频率为 13mm/s;22 时 15 分,停运增压风机进行抢修,发现无法短时修复;10 月 14 日 0 时 20 分,机组停机。

二、检查与分析

检查 DCS 记录,增压风机水平振幅为 204μm、垂直振幅为 145μm。风机振动保护定值水平为 160μm、垂直为 190μm,因风机振动保护定值信号相与,保护未动作。解体 1 号增压风机,发现叶轮并紧螺栓断脱 4 颗,轴孔磨损,如图 6 – 1 所示。进行叶轮与轴配合间隙测量,叶轮位置轴径为(287+0.17)mm,叶轮内径最大为(288+0.40)mm、最小为(287+0.30)mm,叶轮与轴配合间隙已超出最大值 1.23mm。

分析认为,由于 1 号机组负荷频繁变动,增压风机不断调整造成叶轮与轴的应力增加,剪切力加剧螺栓的损坏,使叶轮轴孔磨损,叶轮与轴配合间隙增大,导致增压风机振动加剧,无法维持运行。

图 6-1　损坏的叶轮并紧螺栓

三、整改措施

（1）更换损坏的增压风机叶轮并紧螺栓。

（2）调整叶轮和转子间隙，修复后的叶轮与轴配合间隙为 0.1mm。

（3）优化运行方式，平衡增压风机和引风机的负荷分配，避免增压风机出力过高。

案例二　增压风机叶轮轮毂开焊导致增压风机跳闸

一、事件经过

2014 年 1 月 10 日 12 时 18 分，某厂 2 号机组负荷为 301MW，主蒸汽压力为 15.6MPa，主蒸汽温度为 538℃，3 台浆液循环泵运行，增压风机运行；13 时 23 分，增压风机推力轴承温度开始明显上升；13 时 35 分，增压风机跳闸；15 时 10 分，机组停机。

二、检查与分析

检查发现事故发生时增压风机推力轴承测点 1 温度由 48.3℃上升至 80℃、测点 2 温度由 48.2℃上升至 101.5℃、测点 3 温度由 44.4℃上升至 101℃，达到温度保护定值。解体增压风机，发现风机叶轮 8 根压板螺栓中 6 根发生断裂，2 根松动，叶轮轮毂开焊超过 70%，叶轮叶片顶端和烟道有摩擦痕迹，前支撑轴承保持架断裂。

分析认为，增压风机叶轮轮毂开焊，叶轮压板螺栓断裂，叶片顶端和烟道摩擦，引起振动，造成轴承保持架断裂，推力轴承温度上升，增压风机跳闸，机组停机。

三、整改措施

（1）修复增压风机叶轮轮毂、支撑轴承保持架，更换发生断裂的压板螺栓。

（2）加强增压风机运行监视，及时检查增压风机轴承温度和振动。

案例三 增压风机油密封圈损坏导致机组停机

一、事件经过

某厂建有 2×600MW 超临界湿冷机组，烟气脱硫采用石灰石－石膏湿法工艺、一炉一塔设计。两台机组分别设置一台动叶可调轴流增压风机。每台增压风机配备 2 台油泵（1 用 1 备）。2017 年 6 月 1 日 2 时 30 分，1 号机组负荷为 340MW，送风机、引风机、一次风机运行正常；2 时 36 分，1 号增压风机油箱出口压力低和油箱出口油压异常报警；3 时 1 分，1 号增压风机润滑油进油流量低触发报警，增压风机前、中、后轴承温度由 75℃逐步升高，手动打闸停机。

二、检查与分析

现场检查发现 1 号增压风机执行机构处漏油，如图 6－2 所示。解体增压风机，发现增压风机液压缸油密封圈老化损坏，如图 6－3 所示。调节油从密封圈损坏处泄漏，回油流量不断减少，油箱油位逐渐下降，增压风机前、中、后轴承温度逐步升高，润滑油已无回油，机组停机。

图 6－2　1 号增压风机执行机构漏油情况

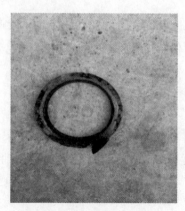

图 6-3　增压风机解体后密封圈损坏情况

分析认为，由于增压风机动叶随机组负荷变化动作频繁，液压缸油密封圈长时间做往复运动加速磨损，导致损坏。同时增压风机油站润滑油、调节油源于同一油站，调节油系统泄漏无法隔离，油泄漏量增加，增压风机润滑油回油量减少，轴承因缺油温度升高，机组停机。

三、整改措施

（1）更换增压风机液压缸油密封圈。

（2）加强设备检修质量管理，将重要设备易磨损部位的解体检查列入小修常规检修项目。

案例四　增压风机连接棒销断裂导致机组停机

一、事件经过

某厂建有 2×600MW 超临界湿冷机组。烟气脱硫采用石灰石 - 石膏湿法工艺，一炉一塔设计。两台机组分别设置一台动叶可调轴流增压风机。2018 年 4 月 27 日 23 时 59 分，1 号机组负荷为 420MW，脱硫原烟气入口压力从 -60Pa 激增至 1400Pa；4 月 28 日 0 时 2 分，锅炉 MFT 动作，首出"脱硫请求锅炉 MFT"。

二、检查与分析

检查发现，23 时 59 分增压风机执行机构开度由 56% 升至 65%，脱硫原烟气入口压力从 -60Pa 激增至 1400Pa。由于原烟气入口压力设定值与反馈值偏差超过 300Pa，增压风机动叶调节自动退出，开度保持在 65%，增压风机电流由 367A

降至 224A，原烟气入口压力继续升高至 3387Pa。

检查增压风机，发现其动叶执行机构与液压缸调节连杆连接处 6 根尼龙材质棒销全部断裂，如图 6-4 所示。增压风机动叶叶片失去外部调节控制，叶片因烟气流作用而关闭，导致增压风机入口烟气压力大于 1200Pa，触发烟气脱硫（FGD）保护动作，延时 180s，锅炉 MFT。

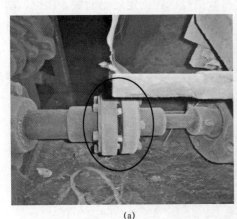 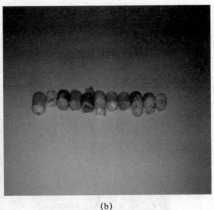

(a)   (b)

图 6-4 增压风机动叶执行器连接及动叶联轴器断裂棒销
(a) 执行器连接；(b) 断裂棒销

三、整改措施

（1）更换增压风机动叶执行机构与液压缸调节连杆连接处棒销。

（2）强化定期维护，重新梳理、制定运维定期工作清单，将关键重点部位检查列入小修常规检修项目。

案例五 增压风机动叶失调导致机组停机

一、事件经过

某厂建有 2×600MW 超临界湿冷机组，烟气脱硫采用石灰石–石膏湿法工艺，两台机组各设置一座吸收塔、一台动叶可调增压风机。

2018 年 7 月 12 日 17 时 16 分，1 号机组增压风机原烟气入口压力逐步上升，执行机构在自动调节状态下开度指令及反馈值同步缓慢增大；17 时 27 分，执行机构反馈值达 90%，自动调节退出，原烟气入口压力仍然持续上升；17 时 55 分，原烟气入口压力激增至 1300Pa（最高达到 3600Pa），延时 180s，FGD 主保护动作，机组解列。（机组 FGD 保护逻辑为：脱硫烟气入口压力大于 1200Pa，3 点压力值"三取二"，延时 180s 动作）

二、检查与分析

检查增压风机，发现增压风机动叶调节执行机构固定焊缝断裂、移位，动叶调节连杆万向轴承受损，连杆向外窜动且机械指针处于全关位置。解体增压风机后发现，液压缸伺服机构支撑杆固定螺杆磨损约 1/3 并脱落，如图 6-5 所示，动叶调节连杆连接簧片部分断裂，液压缸支撑体端部焊缝边缘沿圆周方向开裂约 80%。

图 6-5　液压缸伺服机构脱落的支撑杆

分析认为，增压风机自 2012 年投运以来，长期在高温环境下运行，加之维护不到位，多次发生增压风机动叶调节执行机构连杆棒销断裂事件，对液压缸支撑体形成较大冲击，最终造成液压缸支撑体端部焊缝边缘沿圆周方向开裂，从而引起液压缸伺服机构晃动，固定螺栓磨损脱落，动叶调节连杆窜动，连接簧片断裂，增压风机动叶失调，在烟气作用下开度逐渐减小，原烟气入口压力激增，FGD 主保护动作，机组解列。

三、整改措施

（1）对增压风机转子进行返厂处理。

（2）加强检修管理，定期维护增压风机动叶调节执行机构连杆棒销。

案例六 增压风机电动机引出线绝缘击穿导致机组跳闸

一、事件经过

某厂建有 2×600MW 机组，烟气脱硫采用石灰石 – 石膏湿法工艺，一炉双塔设计。2013 年 10 月 10 日 22 时 0 分，2 号机组负荷为 570MW，A、B、C、E、F 磨煤机运行，炉膛压力为 –81Pa，增压风机跳闸，锅炉 MFT，首出原因"脱硫故障 MFT"。

二、检查与分析

检查增压风机电动机综合保护装置，发现接地保护动作，动作值为 22.69A（接地保护定值为 6A）；对 2 号增压风机电动机保护、控制回路进行检查，在一次侧模拟故障电流，电流值达 6.15A 时，保护准确动作，带开关传动正常。检查电动机电源接线、电缆端头、电动机接线盒无放电迹象，但电动机定子绕组 A 相引出线对电动机本体存在放电痕迹，放电部位无摩擦痕迹及其他损伤，如图 6–6 和图 6–7 所示。

图 6–6 电动机引出线绝缘击穿点

图 6–7 电动机本体放电点

121

分析认为，电动机引出线接头存在缺陷，运行中该处电场局部集中，电晕放电，导致该处绝缘逐渐老化、减弱，最终电缆绝缘击穿，电动机零序保护动作，增压风机电动机跳闸，触发 FGD 保护条件，锅炉 MFT。

三、整改措施

（1）对增压风机电动机 A 相引线加装热缩绝缘套管并重新包扎，进行电动机耐压试验，合格后恢复运行。

（2）利用设备停运机会，检查同批次的高压电动机引线绝缘情况，发现异常立即处理。

第二节　泵相关设备故障典型案例

案例一　石膏排出泵电动机绕组相间短路导致锅炉 MFT

一、事件经过

2013 年 2 月 17 日 18 时 21 分，某厂 4 号机组负荷为 182.9MW，主蒸汽压力为 15.13MPa，主蒸汽温度为 532.07℃，增压风机电流为 139A，4 号脱硫 B 石膏排出泵电动机烧损，增压风机跳闸，锅炉 MFT。

4 号脱硫 B 石膏排出泵电动机型号为 250M-4，属脱硫增容改造新增设备，于 2012 年 6 月投入运行。

二、检查与分析

检查 4 号脱硫变压器无异常，绝缘测量合格。检查 4 号脱硫变压器保护装置，发现 4 号脱硫变压器高压侧 6kV 电源开关 WDZ-441 差动保护动作。WDZ-441 保护装置差动保护定值为差动电流启动值 I_q=1.11A，比率差动制动系数 K_{bl}=0.4，符合 DL/T 684—2012《大型发电机变压器继电保护整定计算导则》要求。对 4 号脱硫变压器保护装置电流二次回路进行检查发现存在两点接地现象，脱硫变压器低压侧电流二次回路电缆未采用屏蔽电缆。

检查发现 4 号脱硫 B 石膏排出泵电动机 A、B 绕组短路烧损，如图 6-8 所示，电动机轴承良好。检测电动机绕组绝缘为零，分析认为电动机制造时其绕组绝缘存在局部薄弱点，运行中绝缘击穿，导致电动机 A、B 相间短路，进而发展为电动机两相短路、接地。

图 6-8 电动机绕组烧损图

由于 4 号脱硫变压器差动保护固有动作时间为 30ms，4 号脱硫 B 石膏排出泵电动机相间短路后，在其电动机保护器动作前，4 号脱硫变压器差动保护已动作，4 号脱硫变压器跳闸，400V 脱硫Ⅳ段母线失电。400V 脱硫保安Ⅳ段母线由工作电源切换至备用电源，切换时间在 3s 左右。电源切换过程中，4 号脱硫增压风机润滑油站电源柜（取自 400V 脱硫保安Ⅳ段母线）失电，两台润滑油泵同时失电，润滑油压低，增压风机跳闸，锅炉 MFT。

三、整改措施

（1）修复 4 号脱硫 B 石膏排出泵电动机。

（2）进行 4 号脱硫增压风机润滑油站电源改造，两台油泵分别接不同的供电回路。

（3）进行 4 号脱硫变压器高、低压侧电流互感器特性试验及二次回路检查。

（4）将 4 号脱硫变压器高、低压侧电流互感器二次回路接地点改为一点接地，更换电流二次回路电缆为屏蔽电缆。

（5）对 6kV 脱硫变压器差动保护装置软、硬件进行升级。

（6）加强电动机的巡视检查与日常维护工作，及时发现并消除设备缺陷。

案例二 浆液循环泵开关熔断器爆裂导致脱硫工作电源跳闸停机

一、事件经过

2014 年 7 月 16 日，某厂 33 号机组进行大修后热态试验，3 时 33 分，运行人员启动脱硫 5 号浆液循环泵时，33 号炉脱硫 6kV Ⅲ段 69309 5 号浆液循环泵开关柜母线侧分支母排短路，脱硫 6kV Ⅲ段工作电源进线断路器 69301 保护动作跳闸，脱硫 6kV Ⅲ段失电；3 时 41 分，机组 MFT，首出"脱硫塔故障"。

二、检查与分析

检查 5 号浆液循环泵开关柜母线室，发现三相分支母排在母线绝缘筒处有明显弧光短路后的灼伤痕迹，如图 6-9 所示，分支母排从左至右分别为 C 相、B 相、A 相。脱硫 6kV Ⅲ段工作电源进线开关 69301 限时速断动作，动作电流为 67.05A（限时速断保护定值为 24.5A/0.3s）。

图 6-9 5 号浆液循环泵开关母线室分支母排灼伤情况

检查 33 号机组故障录波装置，发现对脱硫 6kV Ⅲ段供电的主厂房 6kV 工作段 A 段在 5 号浆液循环泵运行后，即发生了 C 相对地非金属性放电（二次侧有效值为 11.9V），A、B 相电压随之提高（二次侧有效值为 94、91V），110ms 后该故障发展成为三相弧光短路，300ms 后三相短路故障被切除，主厂房 6kV 工作段 A 段电压恢复正常。

分析认为，由于脱硫浆液循环泵启动过程中电流大，5 号浆液循环泵开关（F-C 真空接触器柜）C 相熔断器爆裂并有弧光飞出，致使 C 相分支母排在母线绝缘筒处三相弧光短路，进而导致脱硫 6kV Ⅲ段工作电源进线断路器 69301 限时速断正确动作而跳闸，"脱硫岛综合信号"发出，机组 MFT。

三、整改措施

（1）更换高质量 6kV 高压熔断器。

（2）对脱硫 6kV 段进行分段。

（3）投入增压风机、1号浆液循环泵、2号浆液循环泵、3号浆液循环泵、1号氧化风机、1号扰动泵、脱硫低压变压器开关柜微机综合保护的欠压保护，欠压保护电压定值为50V，延时9s。

案例三 浆液循环泵跳闸信号保护设置错误导致机组停机

一、事件经过

2015年12月7日16时30分，某厂1号机组负荷为213MW，主蒸汽压力为17.92MPa，主蒸汽温度为566℃，再热汽温度为552℃，A、C、D磨煤机运行，总煤量为91t/h，A、B汽动给水泵并列运行，给水流量为684t/h，脱硫吸收塔B、C、D浆液循环泵运行；16时36分，脱硫吸收塔浆液循环泵全部跳闸，"FGD跳闸"造成锅炉MFT主保护动作，汽轮机跳闸，机组解列。

二、检查与分析

检查发现"FGD跳闸"动作触发条件为脱硫吸收塔5台浆液循环泵全停，延时5s或脱硫塔入口烟气温度大于190℃。"FGD跳闸"动作后，检查脱硫吸收塔B、C、D浆液循环泵运行正常，脱硫吸收塔入口烟气温度为115℃，并未达到保护条件，分析判断为保护误动引起。

检查工程师站"FGD跳闸"实际逻辑框图，如图6-10所示。

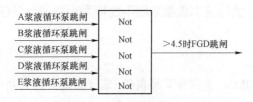

图6-10 FGD实际逻辑框图

FGD跳闸条件之一为5台浆液循环泵跳闸信号取"非"后相加，最终逻辑值大于4.5即判断浆液循环泵全停。浆液循环泵跳闸信号是依据浆液循环泵电动机断路器分闸、合闸状态进行判断，断路器分闸其值为"1"，合闸时其值为"0"，断路器在检修状态因断路器二次插件拔下无信号输出，所以其值亦为"0"，该逻辑存在严重错误。

事件发生前，脱硫塔B、C、D 3台浆液循环泵运行，断路器合闸，"泵跳闸"

值为"0"，取"非"后逻辑输出为"1"；E 浆液循环泵停运检修，电动机断路器处于检修位，分闸无输出，其值为"0"，取非后逻辑输出为"1"。12 月 6 日，A 浆液循环泵无法启动；12 月 7 日，检查 A 浆液循环泵电动机断路器二次回路，在检查完断路器接线后，断路器在试验位置进行远方合闸试验，当 A 浆液循环泵电动机合闸瞬间，断路器跳闸值由"1"变为"0"，取"非"后由"0"变为"1"，5 台浆液循环泵跳闸信号取"非"全部为"1"，相加后达到"FG 跳闸"保护动作条件，导致锅炉 MFT 动作，汽轮机跳闸，机组解列。

检查保护试验记录资料，10 月 26 日前，1 号机组"FGD 跳闸保护"为浆液循环泵运行信号取"非"后相加，为正确逻辑设定；10 月 27 日，"FGD 跳闸保护"修改为事件发生前错误逻辑，查调试单位工作记录未找到更改逻辑保护的相关记录，DCS 厂家缺少工作日志。

三、整改措施

（1）修改"FGD 跳闸"触发条件，去掉原逻辑中的"非"功能块。

（2）DCS 系统供货方加强对工程师站权限密码管理，严格工程师站进出管理制度，防止随意修改机组逻辑。

（3）调试单位加强机组调试管理，严格执行机组逻辑保护修改制度，建立完善的记录台账。

案例四　除雾器冲洗水泵接触器电缆相间短路导致增压风机跳闸

一、事件经过

某厂建有 2×600MW 亚临界湿冷机组，烟气脱硫采用石灰石－石膏湿法工艺，一炉一塔设计。6 号脱硫增压风机油站采用双路电源供电，工作电源来自脱硫 380V 保安Ⅵ段，备用电源来自 6 号锅炉 380V MCC 段，两路电源通过风机油站控制箱内的双电源切换开关切换，双电源切换开关的切换时间为 1s，切换期间风机油站无电源。当工作电源恢复供电后，切换开关自动切回工作电源供电模式。

2014 年 3 月 26 日 11 时 58 分，某厂 6 号机组负荷 495MW，脱硫系统增压风机油站 1 号油泵运行，2 号油泵备用；启动 3 号除雾器冲洗水泵，380V 脱硫保安Ⅵ段进线电源断路器 38803 跳闸，脱硫保安Ⅵ段失电，增压风机油站备用电源（锅炉 380V MCC 段）切换成功，切换期间 1 号油泵因无电源而停运，2 号油泵联启成功，由于油压低，DCS 同时联启 1 号油泵成功，两台油泵并列运行；12 时 0 分，1 号油泵跳闸并发故障报警；12 时 10 分，恢复保安Ⅵ段进线电源断路器 38803 后，增压风机油站 2 号油泵跳闸，1 号油泵因故障联启失败；12 时 28 分，6 号锅炉 MFT，首出"增压风机跳闸"。

二、检查与分析

检查脱硫 380V 保安Ⅵ段上 3 号除雾器冲洗水泵开关柜，发现其内部塑壳式断路器（负荷侧）至接触器的 B 相（电源侧）静触头连接端子烧断，且 B、C 相电缆因拉弧而烧黑，开关柜内有烧熔铜屑，如图 6-11 所示。

图 6-11　3 号除雾器冲洗水泵接触器烧损情况

分析认为，3 号除雾器冲洗水泵接触器 B 相（电源侧）电缆与接触器连接处松动，接触电阻增大，在运行中发热、烧断，导致相间短路，电流达 7943A，脱硫 380V 保安Ⅵ段电源 38803 断路器速断保护动作跳闸，脱硫保安Ⅵ段失电，增压风机油站工作电源失电，备用电源自动投入。随后运行人员恢复脱硫 380V 保安Ⅵ段 38803 断路器进行送电，但因为送电前未断开增压风机油站工作电源开关，在恢复运行电源期间油站控制箱短时失电 1s，导致运行中的 2 号油泵跳闸，DCS 发出"低油压启 1 号油泵"指令，但 1 号油泵热继电器动作后尚未复位，1 号油泵启动失败，两台油泵均停运，20s 后联跳增压风机，锅炉 MFT。

三、整改措施

（1）更换 3 号除雾器冲洗水泵接触器。

（2）完善 380V 保安Ⅵ段 38803 断路器保护方案，确保其与下级断路器之间保护的选择性，避免出现越级跳闸。

（3）对增压风机油系统进行检查、处理，确保两台油泵可同时运行。

（4）加强运行人员业务技能培训，提高其异常情况下处理问题的能力。

案例五　浆液循环泵膨胀节损坏导致机组跳闸

一、事件经过

某厂建有 2×600MW 超临界湿冷机组，烟气脱硫采用石灰石-石膏湿法工艺、一炉一塔设计。每台机组设 6 台卧式离心浆液循环泵。2017 年 8 月 8 日 4 时 50 分，1 号机组负荷为 300MW，B、C、F 浆液循环泵运行正常；4 时 55 分，B、C 浆液循环泵触发润滑油压低报警；4 时 56 分，B、C 浆液循环泵联锁跳闸，锅炉 MFT 动作，首出"脱硫请求锅炉 MFT"。

二、检查与分析

检查发现 F 浆液循环泵膨胀节破损，如图 6-12 所示，膨胀节处大面积喷浆，浆液循环泵润滑油压开关有敷浆现象。

图 6-12　膨胀节破损情况

分析认为，脱硫 F 浆液循环泵膨胀节长期受浆液冲击、磨损发生泄漏，浆液直接喷向 A 至 E 浆液循环泵区域，而 B、C 浆液循环泵润滑油压开关属于外置传感器，喷浆致使传感器接插头处接点导通，导致 B、C 浆液循环泵润滑油压开关误发润滑油压低信号，造成 B、C 浆液循环泵跳闸，脱硫浆液循环泵全停，触发脱硫请求 MFT。

三、整改措施

（1）更换破损的 F 浆液循环泵膨胀节，并检查其余浆液循环泵膨胀节。

（2）加强设备巡检，发现问题，及时处理。

案例六 浆液循环泵出口膨胀节漏浆导致吸收塔液位降低停机

一、事件经过

某厂 8 号机组容量为 300MW。2018 年 3 月 23 日 0 时 47 分，8 号机组负荷为 148MW，C、D 浆液循环泵运行。监盘发现脱硫吸收塔液位急剧下降，开启除雾器冲洗水泵向吸收塔内补水；0 时 53 分，吸收塔液位由 7.6m 降至 5.5m，两台浆液循环泵同时跳闸，联跳增压风机和引风机，造成锅炉 MFT 保护动作，首出"两台引风机跳闸"。

二、检查与分析

检查发现，D 浆液循环泵出口管道膨胀节部分限位螺栓安装位置异常，D 浆液循环泵出口管道膨胀节运行中破裂损坏，3 根限位螺栓断裂，如图 6-13 所示。

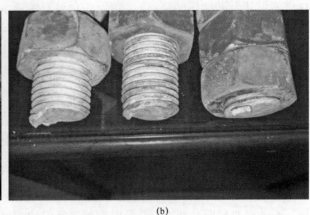

（a）　　　　　　　　　　　　　　　　　（b）

图 6-13　D 浆液循环泵出口管道膨胀节破裂及限位螺栓断裂情况

（a）膨胀节破裂情况；（b）限位螺栓断裂情况

分析认为，D 浆液循环泵出口管道膨胀节部分限位螺栓安装位置异常，存在利用膨胀量补充管路安装超差量问题。在泵体及出口管路振动异常增大的情况下，膨胀节发生破损及限位螺栓断裂，大量浆液外泄导致吸收塔液位急剧降低，机组被迫停运。

三、整改措施

（1）封堵 D 浆液循环泵出口管道膨胀节泄漏部位。

（2）更换断裂的限位螺栓，并采用普通的光杆双头螺栓代替全螺纹螺栓。

（3）重点检查管道膨胀节、法兰等部位的安装质量。

第三节　脱硫塔相关设备故障典型案例

案例一 地坑泵电动机绝缘击穿导致浆液循环泵跳闸吸收塔出口净烟气温度高停机

一、事件经过

2014 年 3 月 12 日，某厂 4 号机组负荷为 237MW，A、B、D 3 台浆液循环泵运行，脱硫入口原烟气温度为 116℃，吸收塔出口净烟气温度为 48℃，7 时 11 分，脱硫 DCS 发出"4 号吸收塔 MCC 段 1 号馈线开关故障脱扣"报警，A、B、D 浆液循环泵减速机油泵同时跳闸，3 台浆液循环泵跳闸；7 时 12 分，吸收塔液位由 11.76m 涨至 12.02m，脱硫吸收塔出口烟气温度迅速升高；7 时 16 分，锅炉 MFT，首出原因为"脱硫吸收塔出口烟气温度高"。

二、检查与分析

解体地坑泵电动机，检查发现电动机驱动端轴承保持架断裂，滚珠散落，如图 6-14 所示。保持架断裂后，轴承卡死，电动机堵转，定子绕组三相电流分别增加至 810%、805%以及 812%额定电流，造成绝缘薄弱处击穿、接地。电动机驱动端端部绕组损坏，如图 6-15 所示。地坑泵电动机空气断路器延时 0.1s 后跳闸，而 4 号脱硫吸收塔 MCC 段电源断路器保护定值为 300A、延时 0.1s，因与空气断路器保护动作时间均设置为 0.1s，所以导致 MCC 电源断路器越级跳闸。由于浆液循环泵减速机油泵电源均布置在 4 号吸收塔 MCC 4 号柜上，所以导致 3

台减速机油泵失电，3台浆液循环泵跳闸。烟气失去浆液冷却后，虽然联启了事故喷淋水系统，但吸收塔出口净烟气温度依然由48℃升高到75℃，达到脱硫MFT跳闸值。

图6-14 电动机轴承损坏情况

图6-15 电动机端部线圈损坏情况

三、整改措施

（1）将B、C浆液循环泵减速机油泵电源改接至4号脱硫保安段，保留A、D浆液循环泵减速机油泵在吸收塔MCC段，不允许单独运行A、D两台浆液循环泵。

（2）合理设置4号吸收塔MCC电源保护动作时限与下级保护动作时限，同时对全厂电源保护动作时限进行校核，确保上下级保护之间的选择性，避免出现越级跳闸。

案例二 吸收塔玻璃鳞片脱落导致浆液喷淋管堵塞，SO₂排放超标停机

一、事件经过

某厂 1 号机组烟气脱硫采用石灰石 - 石膏湿法工艺、一炉一塔设计，引风机和增压风机合并，吸收塔浆池与塔体为一体式结构，吸收塔壳体由碳钢制作，塔壁内表面为玻璃鳞片防腐。2015 年 3 月 3 日 0 时 23 分，1 号机组 D 浆液循环泵开始发生电流波动；8 时 54 分，F 浆液循环泵也开始发生电流波动；11 时 10 分—14 时 15 分，B、C、E、A 浆液循环泵相继发生电流波动；11 时 49 分，浆液排出泵无法排浆，1 号吸收塔出口烟气 SO₂ 排放持续超标，1 号机组停运。

二、检查与分析

对吸收塔进行检查，发现吸收塔喷淋层下部原烟道对面侧塔壁及吸收塔变径处防腐层大块脱落，多处未脱落玻璃鳞片与底漆分离，如图 6 – 16 所示，吸收塔下部浆液中有大量脱落玻璃鳞片。对浆液排出泵进行检查，发现其进口管段被玻璃鳞片堵塞。

图 6 – 16　吸收塔变径段及上部玻璃鳞片脱落情况

分析认为，吸收塔玻璃鳞片与底漆黏结层较光滑，黏结强度不够，当持续运行至停机检修及再次开机后，无法承受温度交变应力而出现大面积脱落。玻璃鳞片发生脱落后，导致浆液喷淋管大面积堵塞和浆液污染，浆液排出泵无法排浆，吸收塔出口烟气 SO₂ 排放持续超标，机组被迫停运。

三、整改措施

（1）清理吸收塔和事故浆液箱内的浆液和脱落的玻璃鳞片。

（2）对脱落防腐层的塔壁进行喷砂除锈、涂刷底漆和玻璃鳞片施工，修复脱落防腐层。

（3）清理堵塞的喷淋层主、支管道。

案例三 **除雾器结垢导致炉膛压力高停机**

一、事件经过

2016 年 8 月 31 日 17 时 50 分，某厂 6 号机组 AGC 在 O 模式运行，A、B 引风机动叶挡板开度分别为 87%、88%，电流分别为 345、286A（额定为 441A）；17 时 52 分，6 号锅炉炉膛负压由 –75Pa 快速升高，A 引风机电流由 345A 增至 407A，B 引风机电流由 286A 降至 198A，炉膛压力高报警信号发出；17 时 53 分，炉膛压力升高至报警动作值 1960Pa，"炉膛压力高高"动作，锅炉 MFT。

二、检查与分析

对二级脱硫塔除雾器进行检查，发现上层除雾器叶片表面附着较厚的板状结晶物，厚度为 3~5mm，如图 6-17 所示。下层除雾器叶片有少量板状结晶物，厚度约为 2mm，如图 6-18 所示。此外，结垢的除雾器叶片间充有大量蓬松的灰垢样物质。对垢样化验分析显示，板状结晶物主要成分为硫酸盐。

图 6-17 二级脱硫塔上层除雾器结垢情况

图 6-18　二级脱硫塔下层除雾器结垢情况

分析认为，环保超低改造完成后，6 号机组二级脱硫塔除雾器冲洗仍沿用"手动顺序控制 60s/240min"逻辑，未及时修改为厂家要求的冲洗逻辑"60s/120min"，存在冲洗时间短、覆盖率低、整体质量较差的问题，导致除雾器叶片表面结垢逐渐严重，叶片间通流间隙减小，烟气流通面积减小，压差增大，进而造成烟气系统阻力增大。烟气系统阻力增大后，在满负荷情况下 A、B 引风机达到最大出力运行，两台引风机运行工况点发生转移，B 引风机运行工况点进入不稳定区域，出力下降。A、B 引风机总出力降低后，导致炉膛压力升高，升至跳闸值，锅炉 MFT。

三、整改措施

（1）严格按照厂家要求，修改除雾器冲洗逻辑。

（2）拆除二级塔除雾器，清理叶片硬垢。

（3）对引风机出口压力设定上限报警值。

案例四　除雾器结垢导致模块损坏机组出力受限停机

一、事件经过

某厂建有 2×660MW 超临界湿冷机组，烟气脱硫采用石灰石－石膏湿法工艺。2017 年 2 号机组进行超低排放改造，原有吸收塔作为一级吸收塔（2A 塔），新建二级塔（2B 塔），配置一层托盘+两层喷淋+三级屋脊式除雾器。除雾器材质为

PP，布置在吸收塔喷淋层上部。除雾器设置6层冲洗，采用双侧进水。

2017年12月23日2时42分，2号机组2B引风机失速，炉膛压力最高至920Pa，FGD出入口压差为4100Pa；12月24日，对2号机组脱硫2B吸收塔除雾器所有压差测点取样管进行清理，清理后2B吸收塔一级除雾器压差为790Pa，二、三级除雾器压差434Pa，除雾器压差明显偏高。2018年1月13日2号机组烟囱附近出现明显石膏雨，判断除雾器已掀翻，1月16日23时44分，停机消缺。

二、检查与分析

对2B吸收塔除雾器进行检查，发现一级除雾器表面、叶片间及冲洗水管表面黏附大量沉积物，环塔壁边缘密封板积浆厚度约为200mm，东侧除雾器模块之间大梁积浆约为400mm，标准模块损坏17个。二级除雾器表面、叶片间也黏附大量沉积物，标准模块损坏4个。三级除雾器堵塞较轻，但除雾器模块之间大梁积浆，厚度约为300mm，标准模块损坏8个，非标准模块损坏2个。除雾器堵塞情况如图6-19所示。对除雾器区域附着的垢物进行成分分析如下：$CaCO_3$约占9.52%，$CaSO_4 \cdot 2H_2O$约占66.12%，$CaSO_3 \cdot 0.5H_2O$约占3.35%，MgO约占2.42%。

图6-19　除雾器堵塞情况

检查除雾器冲洗水管无破损现象，但除雾器冲洗喷嘴存在堵塞情况。检查运行记录发现2B吸收塔除雾器冲洗次数明显偏少，不满足运行规程要求。

分析认为，2号机组运行期间2B吸收塔除雾器冲洗频率过低，未得到有效冲洗，石膏浆液颗粒沉积到除雾器表面，造成2B除雾器压差增加，运行人员未及时采取措施加强除雾器冲洗，导致除雾器结垢程度不断加剧，最终发生除雾器堵塞。运行人员在判定除雾器堵塞、冲洗失效的情况下继续运行近1个月，导致除雾器局部模块掀翻和散裂，大量液滴被烟气携带至除雾器上表面后再次沉积，致使除雾器阻力持续增大，机组出力受限，机组被迫停机。

三、整改措施

（1）清理除雾器沉积物，对损坏的除雾器模块进行更换。

（2）疏通堵塞的除雾器冲洗喷嘴。

（3）重新制定两级吸收塔除雾器冲洗要求并严格执行，认真填写除雾器冲洗记录。

案例五 锅炉结焦导致脱硫塔入口烟气温度高触发FGD保护动作停机

一、事件经过

某厂建有2×135MW亚临界湿冷机组，锅炉为SG－420/13.7－M778超高压一次中间再热自然循环锅炉，Ⅱ型布置。烟气脱硫采用石灰石－石膏湿法工艺，两炉一塔设计，设计脱硫效率不小于95%。

2018年3月26日16时22分，1号机组负荷52MW，锅炉负压+240Pa，AGC方式运行；16时29分，运行人员发现原烟气温度上升至165℃；16时34分，机组负荷降至50MW，原烟气温度上升至180℃，触发"FGD保护动作"，锅炉MFT，机组停运。

二、检查与分析

调阅脱硫工程师站数据，从16时8分至16时14分，原烟气烟温从130℃上升到235、243、245℃，吸收塔烟温从130℃上升到185、150、206℃，满足触发锅炉FGD保护的条件："锅炉原烟气（引风机出口后）温度'三取二'（达到180℃）与上脱硫吸收塔入口烟气温度'三取二'（达到180℃）"。

检查1号锅炉内部结焦情况，发现锅炉结焦严重且烟气通道堵塞严重，如图6－20所示，停机前炉膛压力持续正压运行。

对1号除尘器进行检查，在16时30分，发现甲侧除尘器入口烟气压力和乙侧除尘器入口烟气压力均有400Pa左右突升，甲侧除尘器出口烟气压力和乙侧除尘器出口烟气压力有 100Pa 左右的突升，除尘器 1－11 和 1－12 电场内部阳极板和阴极芒刺线存在过热变形情况。

图 6－20 1 号机组锅炉结焦情况

分析认为，由于锅炉结焦严重，烟气通流面积减少，造成炉膛压力持续升高，保持正压运行，炉内送风量降低，炉内缺氧，导致燃烧恶化、燃烧不完全，大量可燃物（包括可燃气体）进入尾部烟道，电除尘内放电火花点燃可燃物，发生二次燃烧，烟气温度快速升高，造成甲、乙两侧引风机出口烟气温度异常升高，进而使脱硫塔入口烟气温度有两点升高至 180℃，触发"FGD 保护动作"，锅炉 MFT。

三、整改措施

（1）更换 1 号电除尘器内部变形的阳极板和阴极芒刺线。

（2）加强锅炉燃烧调整和吹灰，避免和减少炉膛内结焦。

（3）加强入炉煤掺配，每天检查锅炉结焦情况，发现结焦严重时立即调整入炉煤掺烧比例。

案例六 脱硫电源控制电缆破损接地导致脱硫段失电停机

一、事件经过

某厂三期建有 2×600MW 湿冷机组，每台机组配置一段 6kV 脱硫段，脱硫段 A、B 段之间配置母联断路器，脱硫段电源取自 6kV 工作段。6kV 脱硫段未配置快切装置，但脱硫段 A、B 段进线断路器和脱硫段母联断路器，利用二次回路搭建了"三取二"逻辑，即 3 个断路器仅能合闸 2 个断路器。6kV 工作段脱硫馈线和 6kV 脱硫段电源进线之间设计了"高连低"跳闸逻辑，即"6kV 工作段脱硫馈线断路器"联跳"6kV 脱硫段电源进线断路器"。

2018 年 6 月 12 日 13 时 20 分，该厂 5 号机组负荷为 500MW，主蒸汽温度为 563.43℃，再热蒸汽温度为 563.17℃，A、B 送风机运行，A、B 一次风机和引风机运行，5 号锅炉 MFT，首出"FGD 请求锅炉 MFT"，汽轮机、发电机联跳，5 号机组解列。

二、检查与分析

检查 5 号机组主厂房 6kV 母线室，6kV 厂用 5B 段上脱硫 A 段电源 6TLA 合位，保护未动作，运行正常。

检查脱硫母线室，脱硫 6kV 所有电动机保护装置低电压保护报警灯亮，低电压保护动作。6kV 脱硫 A 段工作电源进线 6TL1 断路器跳闸，5 号机 6kV 脱硫母线失电。

检查 6TL1 断路器，发现 6TL1 断路器操作直流正极接地，拆下两根线号为 101（正极）及 133（跳闸线）的外部电缆线，6TL1 断路器直流接地现象消失，直流系统正常。

检查发现线号为 101（正极）及 133（跳闸线）的外部电缆线为 6TLA 断路器（5 号机 6kV 厂用 5B 段上脱硫 A 段电源断路器）联跳 6TL1 断路器（6kV 脱硫 A 段工作电源进线断路器）电缆。拆下 101、133 电缆，用万用表测试其对地电阻分别为 209Ω 和 35Ω，101 与 133 电缆之间电阻为 246Ω，备用芯 1 对地电阻为 70Ω 左右，备用芯 2 绝缘良好。

检查厂房外脱硫电缆竖井与综合管架接口位置，发现 6TLA 断路器联跳 6TL1 断路器电缆卡在电缆底层桥架端部与电缆竖井端口处，该电缆卡伤接地。

分析认为，由于电缆桥架承重和基础下陷原因，导致"6kV 厂用 5B 段上脱硫 A 段电源断路器"联跳"6kV 脱硫段电源进线断路器"控制电缆卡伤接地，脱硫段 A 段失电，脱硫浆液循环泵全停，请求锅炉 MFT。

三、整改措施

（1）拆除"6kV 厂用 5B 段上脱硫 A 段电源断路器"联跳"6kV 脱硫段电源进线断路器"控制电缆，检查 5 号机组 6kV 脱硫段直流正常，6TL1 断路器脱硫

DCS 分合闸正确，恢复脱硫运行。

（2）全面落实隐患排查责任制，加强对电缆桥架特别是综合管架作业的防护，避免踩踏、损坏电缆。

（3）将脱硫直流报警信号接入 DCS，以便及时发现、查找、消除隐患。

（4）进行 6kV 电源优化，因 5、6 号机组脱硫 6kV 电源各自取自 5、6 号机组厂用 6kV B 分支，分别将 5、6 号机组脱硫系统的 1 台浆液循环泵电源改至各自的 A 分支。

第四节 烟气换热器（GGH）设备故障典型案例

案例一 GGH 堵塞导致机组停机

一、事件经过

2014 年 2 月 18 日，某厂 11 号机组运行发现 GGH 压差明显上升，19 日，机组增压风机出现失速现象，机组停机。

二、检查与分析

11A、11B 吸风机在 2013 年 12 月至 2014 年 1 月先后发生 3 次风机油管爆裂事故。2014 年 2 月 18 日，GGH 压差上升，打开吸收塔人孔门发现 GGH 上表面堵塞较为严重，同时净烟气中夹带大量浆液。停机后，检查 GGH 及其吹扫/冲洗系统，发现 GGH 上表面完全堵死；检查除雾器及其冲洗系统，发现除雾器冲洗压力及水量正常，喷头未有堵塞现象，但一级除雾器进口及二级除雾器出口叶片堵塞严重。检查脱硫烟风道系统，发现脱硫烟风道内表面有积油现象，在吸收塔入口烟道内未发现有浆液倒灌迹象。

分析认为，三次风机油管爆裂导致大量油污随着烟气进入 GGH、吸收塔，含油烟气通过除雾器叶片时将烟气中的烟尘、浆液黏附在除雾器叶片上。除雾器正常冲洗压力下无法冲洗干净，造成除雾器堵塞，通流面积减少，继而导致烟气流速快速上升，并将大量含有浆液颗粒的烟气送入到 GGH 净烟侧，将 GGH 上表面完全堵死，造成增压风机失速，机组停机。

三、整改措施

（1）对 GGH 及除雾器进行离线高压水冲洗，将污垢冲洗干净。

（2）清除烟风道系统内的残存油垢，对吸风机 11A 存在的漏油点进行检查，消除漏点。

（3）置换吸收塔浆液，在机组开机时添加新鲜浆液。

案例二　GGH 辅驱动减速机轴承损坏导致机组停机

一、事件经过

某厂建有 2×300MW 亚临界湿冷机组，烟气脱硫采用石灰石–石膏湿法工艺、一炉一塔设计，每套脱硫系统设 1 台 GGH 及 2 台 GGH 吹灰器。2016 年 10 月 11 日 20 时 50 分，1 号机组 GGH 辅电动机电流突升至 29A，就地检查时 GGH 辅电动机电流降为零，电动机无法人工盘车，机组停机。

二、检查与分析

检查辅驱动减速机油位镜，发现被污染，油位观察不清，油位低于油位镜下限。检查 GGH 辅驱动减速机开端盖，发现二级减速机蜗杆非驱动端轴承保持架局部断裂。

分析认为，由于辅驱动减速机油位镜观察不清，减速机缺油时未及时发现，导致减速机轴承润滑不良，造成轴承保持架磨损，间隙增大，轴承内滚柱位移，最终导致保持架局部断裂轴承卡死。

三、整改措施

（1）更换损坏减速机部件。

（2）清理油室，保证油位清晰可见，重新加注润滑油。

（3）加强巡视质量，对转动设备油位镜进行排查。